北京传统民宅与木工匠作

刘 勇 著

科学出版社

北京

内 容 简 介

本书以木匠做工为主线，翔实记录了近代（也包括古代）我国农村中传统木工匠作工艺技术与木匠群体的生产生活。本书不仅是一本农村木匠技术方面的纪实书籍，还是一本涉及民俗学、社会学的纪实书籍。

全书共分四章。第一章：木匠旧事。主要介绍木匠这个行当从古至今在社会生活中的作用。第二章：木匠工具。详细介绍了农村木匠制作和使用各种工具的知识，介绍了在机具、设备，配以图示，图文并茂。第三章：房宅的建造。这一部分专业性、技术性很强，也是本书的重点，涉及许多民间特有的营造技术、窍门和方法措施。第四章：其他木活的制作。介绍了过去与农村生活息息相关的器物及制作技术，如棺材、犁杖、楼、盖、方凳、以及"瞎掰""碾子"等，这些内容以及涉及的民俗记载，在以往的书籍中是从没有见到过的。

本书适合建筑历史与理论、文物保护与管理的专业人员以及历史与民俗爱好者参考阅读。

图书在版编目（CIP）数据

北京传统民宅与木工匠作 / 刘勇著.—北京：科学出版社，2017.6
ISBN 978-7-03-053380-7

Ⅰ.①北⋯　Ⅱ.①刘⋯　Ⅲ.①民居–建筑工程–木工–介绍–北京
Ⅳ.①TU759.1

中国版本图书馆CIP数据核字（2017）第135239号

责任编辑：吴书雷 / 责任校对：邹慧卿

责任印制：张　伟 / 封面设计：北京美光设计制版有限公司

科学出版社 出版
北京东黄城根北街 16 号
邮政编码：100717
http://www.sciencep.com

北京厚诚则铭印刷科技有限公司印刷
科学出版社发行　各地新华书店经销

*

2017年6月第 一 版　　开本：787×1092　1/16
2024年6月第五次印刷　　印张：11 3/4
字数：350 000

定价：158.00元

（如有印装质量问题，我社负责调换）

序　言

我怀着先睹为快的心情，读完了刘勇先生写的《北京传统民宅与木工匠作》一书。

据我所知，这是我国有史以来第一本详细记录农村木匠这个社会群体从择业、学徒，到出师、从业，"做百家活儿""吃百家饭"的从业历程和该行业专业技术的书籍。作者通过木匠做工这条主线，翔实记录了近代（也包括古代）我国农村的市井生活、民俗民风，使人们对我国农村生活有一个具体生动的了解。同时，作者还通过介绍"木匠工具""房宅的建造""其他木活的制作"等章节，记载了木匠这个行业宝贵的专业技术和经验。尤其是不同于城市木匠的有农村特色的木匠专业技术知识。可以说，它是一本农村木匠行业的百科全书。书中穿插的一些民俗讲究、传说故事、木匠性格特征的描述等等，则从更深层次揭示了以往农村的生活状态以及物竞天择的生存法则给农村木匠这个阶层打下的深刻的社会烙印。从这个意义上来讲，它不仅是一本农村木匠技术方面的纪实书籍，还是一本涉及民俗学、社会学的纪实书籍。

全书共分四章。

第一章"木匠旧事"，主要介绍木匠这个行当从古至今在社会生活中的作用。通过对木匠择业、学艺、拜师、从业过程的描写，介绍了农村木匠行业的规矩、行业特点、工作环境、木匠这个特殊群体与业主间的依存关系。其中穿插的有关"百家饭""喝酒""饭桌上的规矩""木匠的名声"以及"上梁仪式""打妆绣""作农具""技术保守""自傲自卑""行业陋习""不良竞争"等节点的描写，从多角度、多方位勾勒出农村木匠的生活状态、性格特征、社会地位，既是对木匠这个特殊群体的忠实记录，也是对农村民俗、民风和市井生活的忠实记录。

第二章"木匠工具"，是专业性较强的一部分内容。本章详细介绍了农村木匠制作和使用各种工具的知识，介绍了在机具、设备十分简陋的情况下，农村木匠如何巧妙地利用现有条件进行树木采伐、木材加工等技术措施处理。这些工具和技术措施的介绍生动具体，加上配以图示，不仅内行人一看就明白，即便是外行人，结合图片也能读懂。在现代技术突飞猛进的今天，这些工具和技术虽然在大城市中已不再应用，但在偏远的、技术落后的农村仍有现实意义和实用价值。从这些工具的制作和技术应用上，我们看到了劳动人民的聪明智慧。这无疑是一笔不可多得的非物质文化遗产。

第三章"房宅的建造"，这是一部分专业性、技术性很强的内容，也是本书的重点章节。

这一章开篇伊始，作者就对建房的重要性，它对人民生存环境、生活质量的密切关系做了提纲挈领的表述。其中，对于"风水"问题的论说，尤其举重若轻，质朴科学，值得称道。作者是这样写的，在农村建房时，"少不得有'风水先生'参与进来谋划指点。这不是坏事。他们的很多说法和讲究，具有一定的实用性，并非都是虚妄之谈。只是由于以往人们普遍文化低，也由于阴阳五行、易经八卦古老费解，以及阴阳先生们的故弄玄虚，使简单和基本的原属于自然科学和工艺技术方面的原理，被掩盖在神秘色彩之下，失去了本来面目，使人们面对'风水''吉凶'等说法时一片茫然，不知所措。""其实'风水'之说旨在指周边环境，包括自然环境、地理环境和人文环境，'吉凶'之论，意在优劣有别，是好与不好的另外一种说法。"读完这一段有关"风水"的论述以及作者在随后关于"房宅基地选定"原则的介绍，感到有一股新鲜空气扑面而来，令人感到清凉而舒适。对比多年来被那些故弄玄虚的所谓"风水大师"（卖方）和一些有钱有势却缺少文化的所谓"高层人士"（买方）搅和得污浊不堪的所谓"风水讲究"，这是一种多么质朴、科学、准确、精辟的论述！

这一章的核心内容，是对建房程序和工程技术的介绍。其中涉及宅院的格局，台基高度的确定，不同类型房宅平面构成，不同的立面形式，房屋的基本构造，各部位的名称、术语以及柱、梁（柁）、檩、椽的基本尺寸，构造做法和装配技术等等。由于是农村建房，在用料方面与官式建筑差别甚大，因陋就简，随弯就弯，用并不讲究的材料，建出令业主满意的房子，这是农村木匠独有的本事，这里面涉及许多特有的技术、窍门和方法措施。这些在该书中均有详尽的表述。这些内容弥足珍贵，值得记载和传承。尽管这些内容因涉及太多的名词术语和木匠专业技术知识，令人读起来感到艰深难懂，但是作为实干了一辈子的农村木匠能将其所学所做，采取图文并茂的形式记载下来，流传后世，实在是极其难能可贵。这些工艺技术的整理传承，是对中华民族非物质文化遗产宝库的重要贡献。

第四章"其他木活的制作"，介绍了许多与过去农村生活息息相关的器物及制作技术，如棺材、犁杖、耧、盖以及"瞎掰""碾子"等，这些内容以及涉及的民俗记载，都是以往的书籍中没有见到的。

刘勇先生只有初中文化程度，一生从事农村木匠工作，在年逾花甲、光荣退休之后，不甘于享受安闲舒适的晚年生活，而是放下工具，拿起刀笔，不惜呕心沥血，将其一生积累的知识、经验、技术整理出来奉献给社会，这种精神，着实值得称颂。刘勇先生的作为，为千百万在不同行业、不同岗位上工作的广大技术人员、技术工人树立了学习的榜样。

在积极倡导继承、弘扬中华传统文化，实现中华民族伟大复兴的今天，相信会有更多工作在生产第一线，身怀绝技的工人、工程技术人员、工艺美术大师以刘勇先生为榜样，拿起笔，将一生积累的技术经验、艺术诀窍进行整理，编写成书，为祖国，为民族、为后人留下更多的、辉煌灿烂的非物质文化遗产。这是中华优秀传统文化传承的需要，也是中华民族伟大复兴的需要。

马炳坚

2013年10月于营宸斋

前　　言

　　木业，是专门以木材为原料加工制作器物的行业。木匠，是专门从事木业的手艺人。这里所说的木匠，又主要是指新中国成立以前拜师学艺，而后走进新社会，生活劳动了几十年的乡村木匠。他们继承了这个行业的古老传统和技艺，从他们身上可以看到前辈匠人的形象和身影。

　　可以说，自从有了人类，也就有了木匠。一个腰际围裹着兽皮的原始人，有意识地从地上或树上取来一段粗树枝，然后把树枝上细碎的枝杈去掉，并着意用石头打磨几下，最后做成一根光滑适手，使用得力的棍棒，用来攻击猎物，或防御猛兽的攻击。同伴们非常羡慕他的工具，于是他制作了更多的棍棒分送给其他原始人。这个棍棒的制造者，就是最原始的木匠。

　　人类的发展，经过石器时代、青铜器时代，直至进入现代社会，石器和青铜器早已成为被珍藏的古文物，但木器的使用，却是延续至今。

　　江河中滚滚涌动的波涛，既激扬起璀璨的浪花，也淘涮着石砾和泥沙。人类科学技术的发展，注定了人类文化的新旧更替与演化消长。许多传统行业技艺，在这种更替与演化中，失去了他昔日的辉煌。

　　据说，在美国已有一百多种古老行业不复存在。在中国，也同样有许多传统行业消失或蜕变改行，或者成为应用范围极小，只有在古装电视剧中才显露一下的道具似的行当。就木业而言，橡胶轮胎彻底地淘汰了板轮匠；桶匠、鞍子匠，不再是拥有广阔市场的作行；随着钢筋水泥及新型建材的普及，使原来以木材为主的民用住宅，基本改变了结构；而家族意识的淡化及城乡建设的统一规划，也使曾被人称道的四合院成为了"保留项目"；马车不再是运输的主力，农业机械取代了旧式农具；室内家具的生产规模化、商品化，更方便了人们的需求和选择；丧葬制度的改革和推广，几乎使人们忘却了棺椁……许许多多过去用木材制作的器物，都被物美价廉的新产品更新取代。

　　新的建筑格局，新的建筑材料，新的供求观念，强烈地冲击着旧式木业。木匠们也因失去了出售技艺的市场而歇业改行。不再青睐这一行业的年轻人，更使木匠师傅们失去了传业对象。许多代代相传的行业技能，由于没了用场，逐渐被丢弃遗忘。传统的，曾经拥有几千年辉煌的木匠行业如今已是业老珠黄。

　　虽然，从事木业的仍大有人在，但他们已不是传统的"木匠"，他们是新生的或是由"木匠"演变成的现代型"木工"。

木匠与木工（姑且如此称之，以示区别）在内涵和形式上有很大区别，就如亭、台、楼、榭之楼与现代社区之楼，虽同类但不同型。他们之间有哪些不同呢？

称呼本身已经不同。一定的形式必定包含一定的内容。名称的改变，必然是因为内涵的变化。木匠这种称呼似乎已成隔世，现在的人们，包括原来的木匠，只用"木工"这个称呼。

外观形象不同。现代木工大都接受些文化教育，有一定的文化知识，给人以精明、精干的印象。过去的木匠，大多不识字，纯朴的形象多一些。过去的木匠随身背挎的是个木制的"家伙斗子"，由于工具的电动机械化，现代木工只需肩挎着帆布工具兜子。

过去的木匠，是流动的小作坊式的自由劳动者，走村串乡为雇主服务，为在行业竞争中求得生存，特别重视个人在民众中的名声。他们对雇主非常负责，工作尽心。一方面是由于职业道德和行业本能使然，一方面是因为他们需要借重雇主的口碑。

现代木工大多依附于某生产单位。诸如建筑公司，木器厂，或者某工厂、某单位内部的木工车间，木工班组。他们是工厂或公司的工人，听命于公司老板或工厂领导。他们间接地为消费者服务，与消费者不直接发生金钱关系。虽然仍有一些流动木工，走街串巷，上门为雇主服务，但他与雇主之间似乎只存在劳务与报酬的简单关系。你用木工吗？干什么活儿？给多少钱？双方约成，劳务关系成立。劳务结束，关系解除，再见面时形同路人。过去的木匠与雇主之间有一种不是亲情胜似亲情的互相感谢之情。这种情感在雇佣关系解除后，甚至能延续几十年。

过去的木匠，因为匠作范围广，打造的东西种类多，内容庞杂，大量的手工操作，客观上造就了他们必须具备全面的技能。而现代木工，分工较细，服务范围比较局限，相对来说，技术适应范围没有过去的木匠广。现代化的建筑材料和大量的机械化作业，减轻了木工的劳动强度，但同时也削弱了木工的手工操作技能，准确熟练的手工技能已不再是评价优劣的重要条件，而能够不断地接受新信息、新潮流，才是一个优秀木工的先决条件。

现代木工对过去木匠的许多"讲究"不再讲究。

现代木工也有傲性，但冷傲多些，有时又傲不起来。过去木匠的傲性表现的含蓄，但很彻底。

用尺不同。过去，木匠用营造尺。现代木工用米尺。而正向着现代木工蜕变的木匠，不得不使用这两种尺。做新式活儿用米尺，做旧式活儿用营造尺，或将两种尺换算后使用。

总之，从事旧式木业的木匠连同他们的作业内容，离现在人们的生活，越来越远去了。

　　写文章的作者总要在作品上署名。铁器铺的铁匠也常在自己打造的器物上留下印记。但是，尽管在人们生活的地方，目光所及，大到宫殿楼阁，小到桌椅板凳，到处都是木匠的作品，却见不到作者的名号。木器伴随着人类的生活，木匠们以匠人的心智和灵巧的双手，为人类生活提供了巨大的服务，作出了巨大的贡献。是的，木匠的工作技术绝算不上尖端，木匠们也根本没有想过是否会得到什么纪念。他们似乎只是为了生活而劳作，规规矩矩地做事，规规矩矩地做人，一代又一代，默默无怨，把汗水洒在大地上，把智慧的结晶留在人间。

　　时间的灰尘悄无声息地落在历史画面上，年年岁岁，灰尘厚积，历史渐渐被掩去真面目，被后人奋力发掘出的所谓真实，不过只是当时的遗残，当时的一斑。

　　《北京传统民宅与木工匠作》不为传承，也不为纪念，只为他曾经有过，曾经发生在人世间。今天的人，应该把昨天的事，传记给明天。

刘　勇

2008年10月

目　　录

第一章　木匠旧事

木业的分作

新中国成立前的木匠行业，主要分为大木作和小器作两个作行。

小器作的活计精致小巧，用料讲究，做工细腻，以加工制作室内装饰和摆放物为主。服务对象多是较富有的人家儿，作坊设在城里。

大木作，基本没有固定的作坊，木匠们走村串乡上门为雇主服务。雇主备料，木匠加工。主业是房屋建筑，包括木架和门窗的打造。大木作用料将就，几乎所有树种的木料都可以用。

室内家具和丧葬棺椁的打造，分别由嫁妆铺和棺材铺经营着。

箍桶匠、鞍子匠和板轮匠，也属于木匠行业。箍桶匠专门做木桶、木盆之类，鞍子匠专门做骡马毛驴背上的鞍子，板轮匠专做木轱辘车。他们是各自加工业的专门家，技术专擅。

过去，由于金属铸件种类很少，所以没有专门的木模工。到后来，工业发展了，铸件品种数量繁多，且质量要求精细，木模工才成为一个独立的工种。

古代建筑，也是一个分支，主要从事古代建筑的建造，复原和修缮。

木业的分作，界限不是很严格，它应是施业技术侧重部分的名称概念。虽然按照古老的行业规矩，各作行各有自己的施业范围，但不可能绝对限制外作人的进入。木匠们大都涉足各个分支工种。聪明的木匠模仿能力很强，只要有实物参照，或有简单的图样，就能模仿。他们的技艺在很大程度上，就是在仿造实践中提高的，不过由于对某些专业工种的内在原理和规则不甚了了，虽能仿其形，却达不到真正的技术标准。

各作行都有一些多年积累的施业经验和关键技术，用来保证做工的质量和技巧，并因此保住市场地位，控制着业务不流失，因为顾客们知道，专门家才是他们的首选。外人不经拜师学艺，轻易得不到技术真谛。

乡村木匠应属大木作。"大木作、大木作、差一星半点不用说"。大木作的木匠们常常戏谑地自嘲，"差一寸不用问，差一尺凑合着使，差一丈才不像样"，这可能是大木作的一大特点了。

新中国成立后，私营作坊没有了，木匠们的工作内容更庞杂了。诸如房屋木架的打造、门窗装修、室内家具、农具犁耧、棺椁、车轿，以及各行各业的专用设备等等，全是木匠们应知应会的工作。人们认准了一个道理，凡是用木头制成的东西，就应该由木匠来做。于是，他们雇请木匠做任何木活。

鲁班门下的三匠

从古至今，木匠中的佼佼者当属鲁班为最。他有很多项发明创造，从根本上改变了木业的工作面貌。传说，有一次在山坡上被一种边缘呈齿牙形的叶片划伤了皮肤，于是启发了他的灵感，结果他发明了锯这种工具。这是一项非常了不起的成就，应该不亚于毕昇发明的活字印刷术。从此，人们可以用锯随意地切割木料，这不仅加快了施工的速度，而且极大地提高了工程的内在质量和外观美。试想，只用砍削工具把树木加工成构件，那是怎样的一种工作情景，而砍削出的成品又是怎样的不尽人意。

后来的木匠们尊鲁班为祖师，是情理中事。从事建筑业的石匠和泥瓦匠也都尊鲁班为师。这是建筑业中互相关联不可或缺的三个工种。施工中必须设计相符，尺寸相合，互便操作。"人不亲艺亲，艺不亲锤子把儿亲"，是工匠们的口头禅，也是共同奉行的维护匠际关系的信条。同宗同源，都是手艺人，工程使他们走到了一起。

相传，三种工匠按干活儿时的姿势排序座次。以坐姿加工石料的石匠排行老大，经常蹲着干活的瓦匠是二师兄，而干活儿时体形多为站姿的木匠是最小的师弟。还有一说，凡建筑先造地基，用石为先，泥土继之，所以石匠为大。两种说法，谁对谁准，无从考证。只是前一种说法在行业内才有流传。石匠为大，木匠最小则为定论。

工匠间的这种亲和关系，使三个工种在缺乏统一领导，统一管理的状态下，分工合作，施工顺利。

家长的选择

新中国成立前的木匠们，大多出身穷苦，不识字，有念过一两冬私塾的，就是凤毛麟角了。穷人家的孩子，打小就跟家里人一起去田地干活，春种，夏管，秋收，只有到了冬天，地里收拾净了，没农活干了，有心计的大人才让孩子去村里私塾，识几个字，为的是以后好讨生活。往往读上三冬两季，孩子已半大，农闲时也要做事帮补生活，于是就断了念书的机会。

穷人家田地也少，孩子大了，不能都依靠田地过日子，家长们就送孩子离家外出学生意，学手艺。学生意又叫学买卖。店铺里有商品经销，学徒的内容虽然也有一定的操作技术，但主要是学经营方略，学"买卖经"。在店铺里学生意的学徒，多是穿长衫，尤其去城里学生意，家长更觉面上有光。议论起孩子时，大人们高声大嗓，似乎孩子一准要成为老板。学木匠，即使去城里学，以后总要回来走村串乡地卖力气干活，所以大人们只好谦谦地说"学个农村手艺"。

"能耐是能耐，手艺是手艺"

学徒先得拜师。现代的学徒也现代化，师徒只是个认识过程，不举行什么仪式，师徒之间的权利和义务也不是很明确。新中国成立前，其他行业的学徒拜师，仪式如何，过程如何，实在不敢妄言，只知木匠学徒拜师，确实是要拜的。现在有些心灵手巧的人，可自学成木工，能应接木工活儿，但在过去，没正式投过师的手艺人，在行业中是不被认可的，在社会上是不被看重的，被人称为"自钻师傅""雨生木匠"。农民播种的庄稼有行有距，而散落的粮粒遇雨后虽也发芽成苗，但必然不成畦垅。他们常被迫在宣传上称某人是自己的师傅，来稳定自己在行业中的位置。而那位所谓的名誉师傅，大多不予理会，也不计较，随他去。"能耐是能耐，手艺是手艺"如何理解？差别可能在规矩上。人虽能，手也巧，只是少了行业规矩。

行业规矩是什么？它是一个行业经历许多年代，经过反复实践、摸索、提炼、总结出的施业经验和规范准则，涉及人品修为和专业技术。这些经验和规范准则必须符合本地的文化思想意识，被社会和业内接受认可，同时能够便于本行业操作，又与其他行业有所区别。

没经过艰苦的学徒生活磨砺，没有优秀师傅的科班传授，就没有行业规矩，也就没有规范的施业操作。

"自钻师傅""雨生师傅"的最大特点是，他们的行为做派没有"师傅"样儿，他们做出的同一种木活，完全没有一定的模式，今天一个尺样，明天又是一个尺样，自己也拿不准哪个才是标准。

学 徒 拜 师

木匠学徒多是未婚的年轻后生，十七、八，二十郎当岁。学生意的年龄可以小些，但学木匠不行，木匠学徒从第一天学徒生涯开始，干的就是力气活儿。刮、拉、凿、砍、锛，没力气是不行的。"老先生，少木匠"。木匠这个行当，是年轻力壮人干的，人老了，虽有多年的技艺，但没了强壮的身体，就吃不开了。所谓"老先生"，指的是看阴阳风水的先生和给人看病的先生（医生），这些先生越老越被人看重。所以，木匠学徒最好要有健康而且强壮的身体，这是以后当一个优秀木匠的重要条件。木匠中，也有身体状况欠佳的人，或身单，或体弱，甚至还有残疾者，他们大多出于子弟班。明知子弟不具木匠体，但父兄辈为使他有一碗饭端，偏要传他这门手艺，结果，不仅拖累了自己，也为难了子弟，因为身单体弱的木匠永远不能成为木匠群体中的强者。在雇主心里永远不占首选地位，施业必然困难。

学木匠拜师，一般在正月大年初五，由保人——街面上有头面的人，领着拜师人到师傅家，引荐之后，由保人当面讲明师徒之间的约定。主要约定是：学徒期限为三年零一节（学徒三年后到第四年的端午节，农历五月初五），中途不准退师；学徒期间不开工钱；学徒期间不准结婚成家；师傅打骂徒弟，万一打失手，不偿命；师傅负责徒弟的穿衣吃饭。这些条款，保人早已对徒弟及其家人预先讲妥，这时是正式宣布生效。拜师人点头表示同意，然后认师行礼，跪地磕头。第一个头是要磕给祖师鲁班的，鲁班像是没有的，那里摆放着一张锯和一把斧子。由师傅念叨一声：给祖师爷磕头！徒弟冲屋子正面墙方向磕头就是了。然后给师傅磕头。师母若在场，自然也要磕头礼认。大礼行过，拜师仪式结束。

仪式虽然简单，约定也未写在纸上（学徒的约定，一般都是口头形式，原因可能是新中国成立前木匠多不识字，请人写还得花费，也不方便。另外，拜师学徒的条款内容，早已成为风俗定规，世人皆知），但效力却是不容置疑的。"一日为师，终身为父"，这是社会上和行业内人人认可的信条。徒弟一生都以父礼尊崇师傅。"师徒如父子"，师傅如爱自己孩子一般爱护教育徒弟。

拜师仪式完成，徒弟就留住在了师傅家。除非师徒两家十分临近，徒弟才回自己家住。"要想会，跟师傅睡"。只有常和师傅在一起，一起干活，一起生活，关系上成为师傅家庭中的一员，感情上达到亲如父子的程度，师傅传艺自然会尽心尽力。有不少需用"意"传的道理，有时就含在师傅的"闲话"里，常在左右，能从师傅的话语中悟出很多东西。

木匠学徒不能说很苦，但确实很累。徒弟要勤快。早上必须早早起床，先收拾好自己的事。待师傅起床后，给师傅倒尿壶，打洗脸水是必干的活，然后干些杂活。等师傅洗漱完毕，收拾整齐，即与师傅一起去雇主家。

约定中虽有师傅包徒弟吃饭一款，实际上，除了个别歇工日外，木匠一日三餐都在雇主家吃。所以早上外出的很早，步行到雇主家，先搬出工具干一阵子活儿，雇主家也预备好早饭了。晚上收工后，吃罢晚饭，回家时常常是暮色苍茫。早出晚归是木匠生活的真实写照。

若路途较远，干脆就住在雇主家。不论住在哪里，晚上徒弟都要为师傅打洗脸水，倒洗脚水，伺候师傅上床休息了，自己才能休息。总之，从早上起床到晚上上床，没有闲暇功夫。

尽管如此，师傅稍不如意，就说个故事挖苦徒弟：有一个学徒的站在门外冲屋里喊："师傅，我学徒来了。"师傅在屋里问："你想学什么呀？"学徒说："我想学懒。""进屋来学吧。""没人撩门帘，我怎么进屋呀？""不用进来了，你已经学会懒了。"

这样的故事肯定是杜撰的，言下之意是徒弟还不够勤快。

到了新中国成立以后，木匠大多只在雇主家吃中午一餐，学徒也不再长住师傅家。

三年零一节

学徒三年满师，为什么零了"一节"呢？这个规矩是演变而成的。学徒期间，徒弟给雇主干活儿，挣的工钱都归师傅所有，是约定中规定的，是徒弟理所应当尽的义务。干满三年，学成了手艺，可以出师独立了，为感谢师傅的三年教诲和传授，徒弟自愿将来年端午节以前的工钱收入孝敬给师傅，以报师恩。也就是学徒干满三年后，再顺延几个月，工钱仍由师傅收账。久而久之，便成了三年零一节的硬性规定。

木匠与工眼儿

约定中，虽有学徒不得工钱一条，并非雇主不付工钱。师傅做一天工计一个工日，学徒做一天工同样计一个工日，雇主根据工日给付工钱，并且不分师傅徒弟，每个工日给付同样的工钱。乍一看，这似乎不太合理。师傅做活儿当然要比徒弟效率高，质量好。尤其刚进师门的学徒，几乎什么都生疏，什么都不会，干活儿肯定效率低，质量更谈不上，但工钱照付，雇主岂不是吃了大亏？亏是要吃一点的，但不至于太大。木匠做活儿，都有工日标准（木匠叫它工眼儿），做什么活儿有什么活儿的工数。比如盖房子，有个上七下八的标准，即打做木架（五檩架，全柁全檩），平均每间房七个工日；门窗装修（半装修，窗样一模三件），平均每间房为八个工。这是个大概标准，不绝对，因为所用木料的加工难易度，是影响工日的一个因素。顺手的木料，自然就省工，费事的木料用工就多些。但不会相差太多，与标准工日略有出入。师傅带徒弟，师傅要付出更大的体力，要把徒弟没完成的工作量，尽量补上。既要照看教授徒弟牵扯着精力，同时还要替徒弟干一份儿活儿多出力气，辛苦是可以想象的。有时不得不采取延长工时的办法，以尽量维持工日的大概标准。尽管如此，工日仍是只多不少。雇主们对带徒弟的木匠，大多都能通情达理，"没有徒弟就没有师傅嘛"。

由徒弟到师傅这个过程，明里是师傅的教育和传授，暗里也有雇主们的捧场和培养。

木匠与伙伴

一般情况下，木匠做活总是搭帮合伙的。几个脾性相投的人，根据雇主活茬儿的大小，时分时合，形成一个松散的小班组。"一个木匠不算木匠"，许多活茬儿不是一个人干得了的。譬如拉大锯，一定要两个人才能干。做木架，木料粗大沉重，一个人搬挪很不方便。打做高大的器具，有人帮扶着才好干。尤其是木匠经常进出于雇主家，有了伙伴，一人为私，两人为公，万一有什么事情，两个人总比一个人说得清楚。总的来说，要想长期从事这个行业，一个人单干不搭伙，会有好多不便利。

师傅带徒弟，尤其是初始阶段，徒弟是个绝对的生手，一切都须从头学，师傅又费力，又费心，如能借助"班组"的力量，会轻松许多。但这时的师傅是不愿借他人之力的，原因是他"吃"着徒弟的工钱。即使是关系很好，一直搭伙的木匠毫无怨言，带徒者也不愿欠下人情。带徒，有再大的艰辛，也要自己挺过去。直到一年以后，徒弟能够熟练地使用工具，操作基本到位，不至影响工眼儿了，师傅才会松一口气。以后再搭班入组，心理负担会小些。若带第二个徒弟，也省力很多了。因为大徒弟可以帮助师傅带新徒弟，虽然他仍在学徒，但他能把已经掌握的技术和知识不断地传授给师弟。

约定与现实

师徒约定中，师傅包管徒弟学徒期间的穿衣，只是个笼统的约定，没有详细的内容和说明。一年四季，冬棉、夏单、春秋穿的夹衣，除棉衣外还要有换洗衣裳，以及鞋袜等，是不小的开销。为师的自然不能违反约定。过大年穿新衣，年底除夕日，师傅拿出一件新布长衫，给徒弟穿。徒弟穿着长衫回家去过年，大家看了，都说师傅家给做的衣裳很体面。这样的长衫只适合过年时穿三、五天，可穿用很多年。

其他衣裳，每到节令换季时，学徒家长已提前准备好了，为师的当然不必再操办。可敬天下父母心，孩子在人家手下学徒，不能让孩子委屈着，也不能惹师傅不开心。约定归约定，"破篮子"——别揪（究）系（细）儿。供养孩子学徒三年，家长心甘情愿做经济投入。

学徒不准成家

学徒是没有经济收入的，没有收入就无法成家养家。虽然随着学徒时间的增长，技术的不断成熟，有时到了年底，为了鼓励，师傅可能给徒弟点钱，但是这种钱是赏赐性的，很少。过日子养家靠的是长期稳定的经济收入，师徒约定中的学徒期间不准成家一条，防的就是徒弟有了家小，但无养家之资而中途辍去。为了娶妻成家，又苦于收入菲薄而中途退师者，大有人在，师傅又无奈其何（拜师时的所谓保人，并无"保"的作用，当时只起为师徒两方联系沟通当中间人的作用）结果，师傅不仅失去了徒弟的那份工钱收入，而且初带徒弟时的那份辛苦也白费了。再带徒弟还得从头开始，为师的岂不冤枉！所以，必须硬性规定，学徒时不许结婚成家。现在签定合同，条款内容利益多向甲方倾斜，过去当师傅的同样不希望利益流失，徒弟若想学成手艺，只有坚持到满师以后才能成家。

　　曾有一青年，先投师小器作，满师后自觉不足，又投师大木作，数年后再去投师古建筑，几次投师，使他成了一方名匠，但青春逝去，最后学成时，早过而立之年，以后一直未娶，独身终老。"名师出高徒"，后来他传带的徒弟也个个不俗。

"师傅领进门，学艺在个人"

　　"师傅领进门，学艺在个人"，拜了师，这只是跨进了行业门槛，至于能学到多少本领，全靠自己的用心和努力。木匠传艺，主要通过直观的实际操作演示和实物展示，并辅以口授。学艺者应能通过观察和实际操作模仿，领悟到技艺的基本原理和规律，并在此基础上，举一反三，学会了做方凳，就应能试着做方桌，就应能做其他方形物件。学徒三年，不可能对各种木器活儿都有实践机会，关键在于要掌握技术操作要领，善于运用结构原理，并广泛用于形不同但理同的实际工作中。工作中存在着太多的"同理可用"。

　　有些木活，师傅也没见过实样，仅凭着前辈师傅的讲述，继续讲给徒弟听。这就要求后辈匠人在口传的基础上，结合多方面的技术知识，开动脑筋，反复琢磨，做出听说过却不曾见过的东西。

　　干到老，学到老。"艺无止境"。即使一位手艺出众的老木匠，毕其一生所掌握的技艺，其实也是很不全面的，总有他接触不到的东西。

　　什么是手艺？手艺应是匠人智慧运用和工具使用的结合，并在某专业中实施时的作为。有些手艺只有在作为时才好传授。只凭口授和用手比划，或几道简单的画线、不可能全面清楚地显现技艺的真内容。而使用文字，则更难准确形象地描述手艺作为。

"糙"木架和家伙斗子

拜师后的第二天，徒弟就要随师傅上工干活了。过去，一般农家过了正月初五大多也开始了农事。木匠在春季里是很忙的，需要盖造新房或翻修旧房的人家，都打算在春季或至迟在雨季到来之前，完成工程的大部分。只要房子"口儿朝下"，心里就安定了，剩下的门窗装修活儿，往后推迟几个月也是可以的。房子有房顶才叫房。盖房子时，有了房基和四面墙壁，而没有房顶时，"口儿"是朝上的。

春季正是木匠忙于盖房做木架的时候，也是学徒生涯开始的好时机。大木作的木匠，对木架的外观标准，用一个"糙"字来形容——糙木架。意思是说木料的外表加工程度，总不似室内家具那样光洁平整。当然"外糙里（理）不糙"，规矩不能糙。学徒开始，首先要学习使用工具，"糙"木架为他提供了绝好的练习条件。带徒拜师的时间选在正月初，也是有其客观道理的。

上工第一天，徒弟对木匠行业几乎一切都是茫然不知的，甚至对某些工具叫什么名称也不知道。师傅首先教徒弟认识工具，学会查点工具。现在的木工，有了电动工具，锯、刨、钻、凿等多种功能都集中在一台机器上，把机器搬到工作场地，其他零星工具用一个帆布兜子提着就行了。以前的木匠作业都是手工操作，干什么活用什么工具。去新雇主家，要根据所要做的活茬儿，查选相应的工具。小件工具全都装挂在一只木制的工具箱内。木匠们叫它"家伙斗子"。木匠管工具叫"家伙"，或叫"行李"。修整工具叫"拾掇家伙"，收敛工具叫"归拢家伙"。

"家伙斗子"，用木板钉制而成（图1-1）。两侧的高膀之间，用粗铁丝拴成一个提梁。可用手提着，也可用锛子把儿穿进提梁，扛挎在肩背上。斗子分为两层，上层盛放小件工具。后壁上固定着一根半悬的木条，宽约二寸，悬空部有大小不等七个孔，对应着北（背）斗七星之数，是插放凿子用的。一分、二分、三分、四分、五分、五种规格的凿子以及扁铲和斜刀子（斜凿）依次排插，选用时很方便，凿刃也不致与其他工具混放在一起，因互相碰撞而伤损。高膀上另钻有两个透孔，用铁丝或粗皮绳结成套子，插挂刨子用。每个套子可插挂两、三个刨子。斗子下层是个小抽屉，屉脸开在右侧高膀下部，可存放钢锉、玻璃刀之类，抽屉后侧帮钉有一条薄铁板，做成弹片，是个暗销儿。斗子后侧，正对弹片处钻有一孔，拉开抽屉时，用一枚大钉子，插进孔内，顶动弹片，才能打开抽屉。不知此机关的人，打不开抽屉，关闭抽屉后，弹片会自动封锁，可防止背挎斗子走动时，抽屉自行滑出掉落。

木匠的工具，除了凿子之外，主要的还有二十八种，说是对应天上二十八星宿之数。如大锯对应亢金龙，锛子对应奎木狼，搂锯子对应娄金狗，墨斗对应昴日鸡，小

图1-1 家伙斗子

刨子对应房日兔等。辅助工具不在此列。

不常用的工具多是些专用工具，平时留在家里，用时才带上，用完后随时带回家。这样一只家伙斗子就能装带两个人的常用工具了。如果雇主家很远，需要住宿，那么，可能用到的工具也要尽量带上，结果把斗子装得满满的。

砍木架须用好几种锯。截木头用的截锯，挖"碗口"用的挖锯，小沙锯和筛锯是常用锯。筛锯一般不混用，师徒各用各的，每人一张。丈量木料要用"伍尺"，一根五尺长的方木尺，是做木架不可缺少的工具。木匠们都说伍尺和锛子能辟邪，所以走夜路时常随身携带。

查选完工具，师傅教徒弟用锛子大头挑起家伙斗子，挎在肩背上，另把几张锯穿挂在锛把儿上，用手把扶着，形成挑担样。自己也用锛子穿挑一、两张锯，扛在肩上，另一手提着伍尺就行了。师徒二人，一同朝雇主家走去，合情合理，和谐自然。

师傅认识的乡人很多，乡人也都认识木匠，至少是半熟脸，一路走着，不厌其烦地和来人打着招呼，寒暄而过。来人看见背挎着家伙斗子的学徒，知道是新收的徒弟，也都恭维几句。

木匠在人们心中的位置，虽然不是很高，但也没人看低。

锛子辟邪的故事

如果走的路远，师傅会边走边讲故事给徒弟听。

从前，有一个木匠给一家雇主做活儿，这家人平时只有婆媳二人在家。家里养了一只大黄狗。婆婆习惯把一些吃食放进一只篮子里，蹬着桌子把篮子吊挂在屋内房梁的铁钩上，为的是防老鼠偷吃。她常常发现篮内的东西少了，就怀疑是媳妇偷嘴吃。媳妇为这挨了不少骂，受了不少气。

有一天，在院子里干活儿的木匠，发现那只黄狗用嘴巴拱开门帘，进了屋子，就悄悄跟过去，透过窗纸破洞往屋里看。狗进屋后，跳到桌子上，像人一样站立起来，用前爪把吊挂在房梁上的篮子举摘下来，偷吃里面的食物，吃后又把篮子举起挂回原处，然后溜出屋子，没事一样到院子里趴卧着。

婆婆发现篮子里的吃食少了，又要和媳妇吵闹，被木匠拦住，并指着那只黄狗讲了他刚才的发现。于是婆婆用棍子狠狠地把狗打了一顿。晚上收工后，木匠突然发现黄狗不见了，心里打了个激灵。他每天收工回家，要走很长一段山路，就多了个心眼，临走时把锛子扛上了。走到一荒僻处，发现那只黄狗在路上蹲着冲他狠声吠叫。他赶过去，狗就跑开，但马上又在前面拦着。几次驱赶，狗几次拦着。木匠发急，就追着狗一直打，且追且跑，渐渐地狗把木匠引到一处。暮色朦胧中，木匠睁大眼一看，前面荒草遮蔽下，有一深坑，是狗用爪子刚刚刨出来的，再向前一步就会跌进坑里。木匠心里明白，这是白天他向狗主人告了狗的状，狗挨了打，要报复他。他想，这样缠斗下去非常不利，如果往回跑，狗肯定会从背后扑上来，夜色不清，搞不好要吃亏。怎么办呢？他心生一计，于是他故意做出向前猛打的姿势，狗果然向后急退，他扭身就跑，狗越过土坑纵身扑了过来，说时迟，那时快，木匠一扭身，手中的锛子闪出一道红光，狠狠地砍在狗头上，鲜血迸溅，正好落在它自己刨挖的土坑里。

故事讲完了，狗在故事中成了精怪。

"锛子能辟邪呐。伍尺也辟邪"。师傅最后补充说，算是总结。

其实，每个民间传说的故事，都有寓意。徒弟跟随了师傅，师傅就要对徒弟负责。这也是一种传授：人身安全，自我保护。木匠外出做活儿，免不了晚归走夜路，随身带把锛子或带根伍尺，既能壮胆，也确能防身。伍尺和锛子在木匠工具中，算是长"兵器"了。斧子虽然也可以带着防身，但其形象似有拦路剪径之嫌。斧子人人可有，锛子和伍尺却是木匠独有的，随身带着，既当用，又不显露本意。

木匠的工作台

作坊里的木匠，有固定的工作台，工作台是用厚木板钉成的木架子，摆放在干活的地方，一般不挪动。串乡木匠不同，有作无坊，到雇主家干活时，随时支一个。把一块硬挺的厚木板支架起来，前低后高，前头随便顶在墙上、树干上，或者什么重物上。板面上铺钉一块锯出三角豁口的薄木板——卡口，一个简易实用的工作台就做成了（图1-2）。

图1-2　木匠的简易工作台

木匠叫它"楞"，大概是向前斜楞的台面的简称，带卡口的木板叫楞板。如把它叫做斜板、木板、台面或面板等名称都不能说明它的实际功用，叫楞板才有专指性。应是经历许多年代才筛选定的专用名称。木匠在楞板上刨刮木料，画活，垫着它"成功"小件的木活。

"卡口"也叫班妻，传说是鲁班妻子发明的。鲁班在楞板上刨木料，总要让妻子用手顶住木料，久之，鲁班妻子就发明了卡口，解放了自己。实际上，这是外行人知其一、不知其有二的误识。薄板卡口的主要作用是顶着木料，而且刨刮时刨子可以前出，不致使料头刨不到位。这种卡口出现之前，比卡口构造复杂得多的刨子肯定已经问世，即使最早发明刨子的木匠，也一定会随时发明卡口，无需用人力顶着，更何况是聪明的鲁班。再者，用人力也顶不住木料，尤其是需要批量加工的木料。谁若不信，可不妨一试。

"班妻"应是另一种卡口（见图1-2），虽然名字相同，但作用不一样。刨刮稍宽些的木板板面（木匠叫它大面），平放在楞板上，前头顶在薄板卡口上即可。若刨刮木板的侧面（木匠叫它小面），由于大面立起，小面着楞板，受刨刮之力后自然立不稳，必须用人扶着才好加工，尤其要用力按扶住木板的后头，不然刨子运行到前板头时，后板头会撅翘起来，刨不出所需要的效果。在一短方木上（长度不超过楞板的宽度），横着锯剔出一个豁口，豁口宽度大于木板的厚度，并用钉子透过豁口底，固定在楞板上。把木板放进豁口，前端顶进薄板卡口的三角豁口，后端用一木楔与方木豁口卡住。这样，木板的前后两端都有着力点（后端是被夹住的），就立牢稳了。鲁班妻发明的应是这种卡口，多量地刨刮宽木板的小面，必须用这种卡口。"严缝"（又称拼缝，板材粘接前，需要把两板之间的缝隙刮刨严实，行话叫严缝）时更离不开它。

木匠与板凳

木匠干活儿离不开板凳，四角八乍的长条板凳用着稳当，搬动方便。锯木料，凿卯儿垫着它，登高干活儿踩着它，楞板下面也可用它支着。木匠每到一个新雇主家，第一件事就是要雇主备几条板凳。

以前，几乎家家都有板凳。板凳有粗细之分。细板凳做工细，凳面儿四沿儿刨出花线条，面儿下面是装饰板——花牙子，凳腿有圆形或方形，若是方形腿，腿面外楞也有用花线刨刨出的花线条。细板凳大多与八仙桌配套，涂刷油漆。客人来家，就坐在板凳上。更讲究的人家才有圈椅或割角攒边的方凳。普通人家只有粗板凳，既是生活用具，也是干活工具。木匠干活儿用的多是雇主向邻居借来的粗板凳。木匠人多时，用的板凳也多。

现在，供人坐着的物件多种多样，唯独长板凳被逐出家具一族，没人再打造。旧有的板凳多被废弃，所剩无几，就是乡村中也不多见了。木工做活，想使板凳，已很不方便了。

旧时，鞍子铺的鞍子匠，有专用的大板凳。大板凳长约五尺，厚约四、五寸，面宽八、九寸。鞍子匠干活儿，就骑坐在上面。刮拉砍铲，使用年头多了，厚重的大板凳，遍体坑凹，伤痕累累。

木匠有了板凳，支起了楞板，就可以干活儿了。

所谓"邋遢木匠"

做木架，占用场地大，只能露天作业。正月里虽然有了春的信息，却驱不走寒冷。木匠们都穿着棉衣，开始干活时，棉衣就穿不得了，既笨又热，闪掉棉袄，只穿绒衣，干活才利索，甩的开膀子。"干净瓦匠，邋遢木匠"。瓦匠干活儿，大堆的砖石泥土越用越少，场地也越来越干净。木匠干活儿，出废多，刨花、木渣、碎木头子，一大片，场地也越来越杂乱。

做木架锛砍下来的碎柴特多，遍地皆是，伸手即拾。天寒地冷，随手抓拢些碎柴，燃一小堆火，把墨斗放在火堆旁边烘烤着。墨斗里的墨料要用水洇湿后才能弹线用，湿墨和湿线绳常被冻得僵硬，放在火边烤着，随时可用，用后再放回火边。火堆不可太大，也不可太旺，太大太旺烧柴多，总添柴费时间，影响干活。把些湿柴捂压在火堆上，火燃得慢，但冒烟，烟气弥漫熏人。工间小歇时，添些干柴，把火弄旺，披上棉袄，围着火堆喝水。"饿死的厨子三百斤，冻死的木匠烟熏味儿"，一边烤火，不忘说句逗趣话，表白职业优势是用柴方便。其实木匠身上并没有太多的烟熏味儿，这只是对木匠烤火方便的一种夸张说法。不过他们身上常有木头味儿却是真的。接触什么木头有什么味儿。接触柏木有柏木味儿，接触松木有松香味儿，若接触那种火杨木，身上有一种臭杨木味儿。这些味儿，木匠自己并不觉得，只有旁边的人才嗅得出。

所谓"长木匠"

木匠做活儿下料时格外小心，必要计算准确，丈量无误后方才下锯截断。尤其是大料，如柁、檩等原木，以及较长的板材，要反复丈量二、三次，直到确认无误，才动手施工。有时已拿起锯，准备下锯了，仍不放心，又放下锯，再丈量一遍。多量一次，多用半分钟的时间，麻烦一点，不算什么。若因一时大意，丈量错误，锯断木料，就后悔莫及了。曾有一马大哈，下料不慎重，锯短了柁料，到立架时才发现这个错误，更换全部大柁已非易事，拆除缩小房基也有许多不便，最后竟由瓦匠来解决这个荒唐的过失，把整座房子的后墙加厚，用加宽的墙体补充柁架短缺的长度。

为了给加工留余地，截取木料总要比设计实用尺寸稍长一些。"长木匠，短铁匠"，铁匠干活下料要短些，短了容易加工，铁料烧红后，经捶打能被碾长。木匠下料若短了，就糟了，木料就作废了。

学徒初始，最可能做坏活。现如今，木材市场上，木料品种多，数量充足，可任意选购。过去可不是这样，木材非常缺乏，木匠下料时非常谨慎，这也是原因之一。所以师傅随时盯着看着徒弟干活，防止做出坏活，糟蹋了木料，给雇主造成损失。

木匠与围观者

歇闲的人们喜欢凑到木匠干活儿的地方看热闹，逗话聊天。看木匠干活，犹如看技术表演。刮、拉、凿、砍、锛，看似简单的操作，都蕴含着巧妙的技艺。木匠耍锛子，脚蹬踩在木头上，扬起锛子砍下时，锛刃离脚底只有毫厘之差。据说，曾有木匠当众表演过用锛子磕开用光脚踩着的一粒瓜子，惊险得很。板材粘接前，需要把两板之间的缝隙刮刨严实，木匠叫"严缝"。遇到七、八尺长的板缝，木匠稳住身形，舒展两臂，两腿平稳换步，用二尺来长的刨子刮刨几次后，两块板一对，不仅严丝合缝，而且板面平直，可谓一绝。让人由衷的惊叹和佩服。一堆破木头，经过木匠的手，几天后竟成新物件，让人赞不绝口。

木匠们长年走东村去西庄，认识的人多，知道的新闻旧事也多，跟木匠聊天有说不完的话题。木匠们说话大多很风趣，常能逗人发笑，但木匠本人却笑得很拘谨，他要随时保持"师傅"的形象和尊严。

木匠们对来聊天看热闹的男人们，来者不拒，热情招呼，从不厌烦，能来就是捧场，其中有人或许就是明天的雇主。雇主、雇主，衣食父母，得罪不得。至少他们能起到四处宣扬的作用，冷淡不得。有人陪着，边聊天边干活儿，也免得寂寞。

对年轻的妇女们，木匠虽然客气，但态度冷漠，话语不多，敬而远之。尤其不愿怀孕妇女进入干活的场地，更不愿她摸碰木匠工具和木活，据说是怕她们可能带来不好的运气。这是木匠的一个忌讳，实际上是怕无端惹出是非。对老年妇女的到场又当别论，仍是恭而敬之。

木匠对来玩耍的孩子特烦恼，大声呵斥，赶走他们，怕的是场地杂乱磕碰着他们，怕砍掉的碎木渣飞起来伤着他们，责任说不清，同时也怕孩子淘气弄坏制作着的东西。

"水木匠"与茶水

中国的茶文化源远流长。有客人来，清茶一盏，殷殷之情，寓于茶中。

木匠每天早上到雇主家时，主人已备好茶水，师傅们坐下来，吃碗茶，歇歇脚，顺便说说今天的活计，还缺少什么东西，需要准备什么材料。早上的茶水多是主人满给木匠的（也有徒弟的），徒弟略歇一歇息，茶水或喝或不喝，然后搬提工具，做干活的准备了。徒弟没喝早上主人递上的茶水，绝不会显得不礼貌，相反，倒显得懂事，勤快。工间歇息，也是喝茶。午饭后，歇息时间稍长些，木匠们围坐在一起，边聊天边喝茶。下午工间小歇仍是喝茶。有时干着活，渴了，随时倒碗茶水就喝，可见木匠在一天中对水的需求之大。

"菜牛倌，水木匠"。放牛的牛倌去山野田边放牛，中午带多少干粮，因人而异。饭量大的多带点，饭量小的少带点，但用盐腌制的咸菜，则是宁多勿少。野外没有烹炒条件，吃干粮只能就咸菜。如果咸菜带少了，光吃干粮就毫无味道，没了食欲。木匠喝水多，大概是体力消耗大，出汗多，确实是生理需要。同时，中国的茶文化不可能遗忘了木匠行业。雇主们客情在先，把木匠看作是请来的客人。歇息时干坐着显得尴尬，有了茶水，也有了情趣。

喝茶时，徒弟要主动地给师傅倒茶。若同时还有其他木匠，有时还有石匠和瓦匠，要根据辈分、年龄，有先有后，一一倒茶，并且要热情和有敬意。轻快自然的倒水过程，透出人际间的和睦友善。倒茶时，茶壶嘴不可太低，搭挨在茶杯上，造成"亲嘴"。也不能太高，茶水进杯时哗哗响，起泡。太高太低都不雅。倒完茶，放茶壶的方向也要注意，壶嘴不能正对人，如果围坐的人多，要尽量把壶嘴朝向两人之间的结合部。否则，壶嘴对着人，人家似不在意地把壶嘴拨转方向，就没意思了。还会招来师傅的白眼。

百家饭·人情饭·盛饭

雇主管木匠吃饭，这个习惯始自何时，无从考证。新中国成立后，改成只管中午一顿饭，应属实际需要。1980年以前，农村中自行车还不普及，木匠外出大多是步行。中午回家吃饭，不仅耽误时间，主要是消耗体力，不能休息。木匠活儿虽属技术活，不卖死笨力气，但绝非轻体力。中午休息不好，体力得不到恢复，肯定影响下午的工作。雇主留吃中饭，既显得热情，暗里也不吃亏，木匠会用多干活回报主人。木匠称这种饭为人情饭。没有这顿饭，活儿也得干，但人与人之间的情感就淡多了，好像只剩了干巴巴的雇佣关系。情感是培养出来的，"赌钱赌薄了，喝酒喝厚了"，就是这个理。不过，管干活儿人吃饭，也确是件麻烦事，雇主家要用专人去张罗买酒买菜做饭。这在过去的年代，不算什么，因为那时的农村妇女很少有固定的社会工作，在家里多做几个人的饭，无所谓，还能显示一下自己的厨艺。而现代人中，赋闲的老人们，一般不会再有什么修造事，他们在中年时期或更早时，就已为老年的安定生活预先打好了基础，所以不会再雇佣手艺人，而需要雇人的人，绝大多数都是整天忙碌的干事的人，没时间为雇来的人做饭是主要原因，为做饭这种事影响自己的事，不值得。另外，现代人与以前的人在思想意识上和生活习惯上有很大不同，他们不希望外人进入自己的生活，哪怕是临时的、短期的。或者说，他们根本不想"屈尊"伺候别人，尤其不愿吃别人的剩菜剩饭。他们宁愿多花钱，把饭钱加在工钱里。这种加了饭钱的工钱，初始时尚能带给手艺人一种喜悦，并由此生出一些对雇主的理解之情，干活儿时仍能与雇主心气一致。但时间久了，变换的雇主多了，初始本意逐渐被遗忘，而人对酒食的生理需要和享受热情招待及受尊重的心理要求，却渐渐恢复。由于得不到实现，与雇主的关系总也"热"不起来，虽然挣着雇主的钱，却不领雇主的情。做事的心态只是一种应付。雇主与手艺人则常常是处于对立的状态中，挑剔做成的活茬儿，对很小的毛病也绝不放过。不同情干活儿人的艰辛，不原谅干活儿人的错误。活儿干完，各走各的路。我在《前言》中说到的"木匠"与"木工"的区别之一，"不是亲情胜似亲情"与"再见面时形同路人"的差别根源，或许就在这一顿饭上。

20世纪60年代，曾禁止过木匠吃雇主的饭，木匠只好自带干粮外出，将就用餐。开始尚可，慢慢地主人家做汤给木匠下饭，后来做菜做副食给木匠吃，再后来又把主食摆上了饭桌。木匠们背地里说这顿饭是"要劲儿的"饭。

木匠们对饭食从不挑剔，雇主给做什么吃什么。吃百家饭的人，什么样的雇主都能遇到。贫困的、富有的、大方的、吝啬的、卫生好的、卫生差的、厨艺高的、厨艺低的，木匠们都能随遇而安，只要吃饱肚子，有力气干活就行。绝大多数的雇主也是极尽所有，尽量让木匠吃得好些。"自己吃填坑，给人吃传名"。

吃饭时，雇主家把饭菜摆在桌子上，盛饭就是徒弟的事儿了。给师傅盛饭，吃一碗盛一碗，双手捧着递给师傅。添饭时要看师傅的手势，师傅用筷子在碗里比划一下，根据比划的深浅程度，掌握添饭的多少。

有时要给几个师傅辈的盛饭盛汤，这就要求徒弟吃饭要快，不仅要伺候好师傅们，自己也能有时间吃饱，尽量不让师傅们等候自己。

据说，某师傅带了两个徒弟，吃饭时，俩徒弟为了抢着给师傅添饭，同时接住了师傅递出的碗，二人都不放手，僵持中，用力一夺，竟把饭碗掰成两半。

这是木匠行内广为流传的故事，一个说给徒弟听的故事。

为什么把给师傅盛饭作为维护师道尊严的一种形式加以特别强调呢？首先，吃饭的场合，是人聚合的场合，有行内人和行外人，有同师门的木匠，也有不同师门的木匠，正是师傅树立威望和取得尊严的所在（傲性也在这种场合得到无形的培养和强化）；另外，也是当时的生活习惯造成的。如果吃饺子、面条之类，用筷子直接入口的，不可能要别人夹递，而馒头、烙饼之类，也不宜过别人的手，只有吃米饭，要用勺子盛放到碗里吃。

南方产大米，北方产小米，新中国成立前乃至新中国成立初期，那时的北方乡村是吃不到大米的。小米饭是民间最普通的饭食。把小米淘净，倒进开水锅里，或是在开水锅里直接淘米，把沙子淘掉。米煮熟，用笊篱捞在砂锅里（这种带少量汤水的饭叫捞饭，口感软），盖上盖子，放在灶边或用微火把水汽蒸干，这样的饭叫干饭，吃着耐饥，但发干不易咽。怎么办呢？把豆面加水搅拌成疙瘩，做半锅熰油加盐再加些嫩菜（或倭瓜条、萝卜丝、豆角丝、榆树钱儿、嫩榆叶，或者其他的季节菜等）的汤，盛一勺浇撒在碗里的干饭上，吃起来就顺口了。这种饭食叫豆面疙瘩干饭汤。那时，白面属贵物，吃碗白面做的炸酱面条，是高待遇了。玉米面可做成窝头、贴饼子、板儿条、摇球儿等食物，但总显得贫气，不如小米饭高低能就。待木匠，虽然客情在先，但总归是干活的，吃小米饭于情于理都不差。所以，小米饭浇疙瘩汤是木匠一天中吃得最多的饭食。于是，盛饭盛汤成为每天吃饭当中要干的一种较频繁的活儿。不让师傅自己动手盛饭，是怕师傅累着，也是徒弟孝敬师傅的一种表现。师傅呢，自然也乐于手闲，乐于树立和增强自己的尊严。一个木匠，从学徒到自立，到自己带徒弟，是个艰辛的过程。多年的媳妇熬成婆，不容易，提醒和要求晚辈人尊师，也不算过分。

有人说：徒弟给师傅盛饭确实不过分，但二徒为尊师抢坏了碗，似乎没有必要，有献媚邀宠之嫌，而且有伤师兄弟的情义。也不无道理。故事就是故事。

现如今，徒弟给师傅盛饭的历史已经一去不复了。

木匠喝酒

吃饭时，主人要是还备了酒，木匠师傅们在吃主食前，总是要先喝一点的。徒弟一般是不喝的。没时间喝是一方面，主要是师傅不准。师傅会提醒他抓紧时间吃饭，言下之意，是让徒弟能更好地伺候师傅们。

师傅的话，徒弟要认真听，认真去做。不明白的道理，有机会可以问，师傅高兴时会给予解释。但不听师傅的话，交代的事情不办，尤其是当着其他人，师傅丢了面子，失了尊严，生了气，会张口骂徒弟，甚至抄东西动手打。打骂徒弟是师傅的特权，师徒有约定，打伤打死只是失手，不被追究责任的。

木匠师傅喝酒，只是一小杯，不足一两罢，从不多喝。这样不会加大雇主的开销，更不会留下嗜酒的口碑，也是为了自身的安全。木匠干活离不开带刃的工具，酒喝多了，难保不伤手碰脚，何况有时还要上脚手架，蹬梯爬高儿。尤其怕脑子迷糊，画错尺寸，糟蹋了雇主的木料，坏了自己的名声。

师傅辈的喝酒，是师傅之间互相满酒，显得关系融洽。一杯酒喝完，不再添酒，更没有劝酒喝的。木匠的喝酒，既不因为喜庆，也不为人际交往，有些应景儿的意思。主人家办了几个菜，摆满一桌，虽不丰盛，但很实惠。有了酒，气氛更显得热烈，体现了雇主对手艺人的尊重和热情。于是恭敬不如从命。但在徒弟看来，是一种身份和资格的显示。

满酒时（包括倒茶），必须正倒，不能为了方便，右手握瓶翻着腕子给右边的人倒酒。这是忌讳。据说过去衙门口处决人犯前，要让人犯饱餐一顿，为他送行，免得他死后成了饿死鬼。饭间，衙役伺候着，用的就是翻腕倒酒法。人犯见到这种手法，就知道末日到了。

徒弟虽不用给师傅们满酒，但忌讳却不能不知道。因为将来他总要加入到互相满酒的行列中。

饭桌上的规矩

利用师傅们喝酒的当口，徒弟已经吃了半饱，然后边吃边伺候师傅们吃饭。师傅们吃饭是有规矩的，尤其是"领作儿"的师傅（相当于现在的班组长吧），已经吃饱了，却不把碗里的饭吃净，总要留下一口半口的，然后把饭碗放在饭桌上，开始聊儿句闲天儿，其他人有先吃完饭的，也不能把筷子放下，而是把筷子小头向上拿在手里，意思是他们在等着。等其他人和徒弟吃完，所有人的筷子小头都向上了，领作儿的师傅才把碗里的一口饭吃净，然后把筷子小头向上一举，于是大家会意，全都放下筷子，并离开饭桌。只要有一个人还在吃饭，其他人是不会放下筷子的，免得他吃不饱，还会觉得尴尬。更不会不顾别人单独离开饭桌。

雇主们待手艺人酒饭，虽不是大摆宴席，但尽量丰盛。根据匠人的人数，掌握菜量的多少。菜盛放在碟子或盘子里，菜数都为双数，整齐对称地摆在饭桌上。有人出于羡慕，把待手艺人的饭菜叫做"碟菜"。吃"碟菜"的木匠们，对碟里的菜也不是胡乱吃的，也有吃菜的规矩。夹菜时，都从临近自己的一边夹起，循序渐进，但最终不能把菜夹光，总要剩一些，哪怕是一点点。一盘摊鸡蛋，本来就不多，也要剩下一块，哪怕是很小的一块。木匠们饭罢离桌后，每个菜盘中都有堆放规矩的剩余。一般情况下，雇主不陪着木匠一同喝酒吃饭。剩下的菜不是有意留给谁的，而是一种无言的表白：我们已经吃好吃饱了，你看，还有剩余。

木匠们吃饭时的这些动作，是不用言传的，看上去很自然，很随便。看得多了，随着就学会了。

木匠的名声

师傅带徒弟，不仅教技术传手艺，更要传授规矩，传授在本行业做人做事的道理。木匠四乡闯荡生活，靠的是名声。人品好，手艺好是立足本业的根本。技术差些尚可学习弥补，人品出了毛病，坏了名声，谁还敢雇请你。

木匠干活的场所，是个特殊的环境。他们（有时是一个人）必须要进入雇主的家中，庭院室内，一干就是十天半月，甚至数月半载，接触雇主的生活，目睹雇主的家事。男主人或上工或下田，不可能总在家里陪着，木匠更多的是与女主人打交道。吃饭喝水都由女主人张罗，找东寻西也要女主人忙活，歇息聊天免不了和女主人搭讪几句，有时女主人也因有事临时外出，把"家"就撂给了木匠。木匠成了留守人，还负有看"家"的责任。在这样的环境中，木匠的心态要清净平坦，心思无邪，只一心干好自己的活茬儿。这种修为，从学徒开始，就已深深地融注于身心。

"有赃官赃吏，没有脏手艺人"。贪官污吏使用手段伎俩，仍可在官场中继续存在。手艺人坏了名声，连改正的机会都没有。手艺人应是：手不脏，眼不脏，口不脏，心不脏。别人的东西不能偷拿，不该看的事情要躲开不看，张口不可轻佻说脏话。心不脏，是说一不能有邪心，二不能有坏心眼，即使给曾经有过节儿的雇主干活，也要按规矩把活做好，不能趁机报复坑害雇主，故意把活做坏。木匠做出的活茬儿，是要经年累月被千人瞅万人看的，故意做坏了活，事实摆在那里，一传十，十传百，结果是坏了自己的名声。

做活偶然出点毛病，在所难免。只要不是故意的，自家心里干净，想办法弥补好就是了。故意和无意是有区别的，"十活九病"，雇主也能理解。再者，有意坑害人未必能如愿。有一个故事警示木匠害人之心不可有。故事说：

某地某村有一某姓财主，非常吝啬。他要盖一处房宅，请来风水先生选勘宅基。风水先生忙碌一上午，中午吃饭时对酒饭招待很不满意，于是下午故意给财主选定一个五鬼闹宅之凶地。盖房子施工时，木匠对财主的吝啬招待也很生气，于是在钉椽时，故意将正对院门的三根椽倒着钉在檩木上（正规钉法应是小头朝上，大头朝下，反之为倒挂椽，是盖房的一大忌讳）。房子盖好后三年，财主的家运不但没有败落，反而比以前更红火了。风水先生很纳闷，借故前来查看，又查问当时盖房的木匠，才知有三椽倒挂。不觉叹道，人算不如天算，有三支利箭瞄射着院门，五鬼怎敢进宅。罢了，早知如此，何必当初。故事虽有些离奇或迷信之嫌，但说的是心不脏的个中道理。剔除故事中迷信色彩，规劝匠人规矩敬业，莫生恶念，才是故事的本意内涵。故意倒挂椽的行为，肯定大损那个木匠的名声了。

盖新房，上大梁

春夏之间，气候干燥，雨量少，最宜建筑施工。雇主们都抢着在此期间盖房子，木架活儿大都集中在这个季节里。张家的，李家的，王家的，一家接一家。初春，天气还冷，不适合泥土作业，雇主只好把木匠打做好的椽檩等成品码放一堆，下边垫上木头，上面苫盖些防水物，防备雨雪，暂时存放起来，待气温上升，天气暖和，泥土不冻时，再立架砌盖房屋。

木匠做好张家的木架，挎起家伙斗子去李家了。

仲春二月，大地回暖，百蛰出洞，是盖房子的时候了。

乡村人把盖房子当成大事，破土动工垒砌房基，起房、立架、上梁时，都要选吉日良辰，请风水先生择定时日。房主对风水先生唯恭唯敬，对择定的时日谨遵谨守，并把立架上梁的日期提前通知做木架的木匠。到立架（立起房架的简称）之日，木匠放下手头的活儿，提前赶到现场。房主找来帮忙的人也陆续到场。盖房子是喜事，乡亲们都乐意帮忙，大柁大檩不是一个人能搬扛起的，今天你帮我，明天我帮你，互相帮忙已成风俗。

立架的时间把握不是很严格，它只是帮忙人聚拢的大概时间约定。但上梁却将就不得，定在几时就是几时，不能提前，也不能错后。上梁之"上"，在这里是动词。上梁之梁，是指房架的几根脊檩中最中间的一根。如三间房架，是中间一间的脊檩。木匠管脊檩也叫"正中"，它是一间房几条檩中的中间一根。早先盖房，上房的间数讲究单数，有三间以上为房，二间为铺，一间为棚的说法。"梁"是"正中"之正中。立架认日，上梁等时。大架立好，只剩"正中"，上梁的两个人，提前爬到房架上，做好准备，等下面有人喊"时辰到"时，即刻把早已预备在那里的"正中"组装在它的位置上。

曾有一家雇主把上梁的时辰定在午夜子时，两个木匠只好等到深夜子时临近时，爬上房架，等着准时"上梁"。

上梁时，场面很热闹。贴八卦，挂红，放鞭炮，撒五谷，唱喜歌，有不少人围观，但不许怀孕的妇女看。据说，有一孕妇凑热闹去看，"正中"如何也上不到位，后来上梁的木匠抽出腰里别着的斧子，朝"正中"砍了几下……。梁是上好了，但后来孕妇分娩生下一个三瓣嘴的孩子。兔唇是否木匠斧子砍的，只有神知道，不过热闹的地方必然乱些，尤其是施工现场，为了自身和胎儿的安全，行动不便的孕妇还是不去为好。

贴八卦，是为了辟邪。一块一尺见方的红纸上画有八卦图形，贴在"正中"脊檩朝下一面的正中间。用麻绳把几枚铜钱编成钱辫，辫上的第一枚铜钱立着钉在八卦纸中心，钱辫垂挂下来，下梢头是一绺红布条。另有一副红纸对联："太公在此"，"诸神退位"，分别贴在"正中"檩两头的大柁脊瓜柱上，另有"吉宅永安，吉宅永驻"贴在其他柁的脊瓜柱上。太公者，姜太公也，管神之神。有正神在此，诸神且请退出。房主祈求居住平安之意。财神是否也在诸神之列呢？是否日后还要专门请他回来呢？新中国成立以前的四合院，在上房的房后头，专门为财神搭盖一间小屋，叫财神房。新中国成立后，曾有很长时间不再供奉财神。再后来，人们才把财神像请进店堂。八卦是在地上预先贴挂好的，上梁时随梁一起上房的。

上梁时，鞭炮燃响，噼噼啪啪，喜庆气氛更浓。鞭炮声中，把一幅红布搭在梁上，叫挂红。既有驱邪之意，也象征喜庆红火。

原先，唱喜歌，撒五谷，是专由乞丐做的。一只量米用的木斗或柳条斗里盛放着五谷杂粮，乞丐爬到梁上，边唱边撒，在梁上走个来回，来一番惊险表演（这时的

"梁"只是一根光杆圆木头）。乞丐们不请自来，为的是讨几个喜钱。喜钱就放在盛五谷的斗里，五谷撒完，喜钱也进了乞丐的口袋。

新中国成立后，乞丐没有了，有时由木匠上好梁后，顺便撒五谷，喜钱也由木匠顺便收了。木匠不会唱喜歌，这个节目就取消了。撒五谷取五谷丰登之意，喜歌是吉祥话儿编成的。

有时，碰到上梁时下起细细的雨丝，人们会庆祝道：雨浇梁，雨浇梁，风调雨顺福寿长。农民的心愿，风调雨顺，五谷丰登就是好日子。

吉日良辰雨浇梁，有时几家雇主立架选在同一个日子，木匠就忙了，立好这一家的，再赶到另一家去。风水先生只管选吉日，不管木匠忙不忙的。

现如今，盖房时喜庆形式犹存，内容已大改变了。不再贴八卦，也没了撒五谷，唱喜歌，只剩下挂红和放鞭炮。挂红时，多是把亲朋馈送的红彩被面搭在梁上，有时把被面连同包装袋一起吊挂在梁上。"梁"也由三间或五间的奇数正中，随着时势，演变为偶数房间的左中为大了。盖平顶房，没有"梁"，但照样挂红，顺房向把绳子拴在两根立杆上，固定住，把红挂在绳子上，鞭炮声中，也达到了喜庆的效果。

"打妆绣"

几个月的时间倏然过去，木匠学徒经过这几个月的锻炼，已初步学会使用多种工具，掌握了一些基本操作技术，也习惯了木匠的生活，将沿着学徒之路继续走下去。

雨季到了，木架活儿基本告一段落。春天盖的房子经过自然风干，墙壁不再湿软，房体已经牢固，敞着口等待着门窗的装修。木匠在空房里打做门窗，就近，而且不受夏日暴晒，阴雨天也不影响作业，很会利用天时。

相对"糙"木架而言，做门窗就显得细多了。木匠管做门窗叫"打妆绣"，可见做门窗是精致细绣的活儿。活茬儿外观质量精细度的提高，要求各道工序，操作手法随之精细。师傅必须把徒弟由"糙"转带入"细"中。

旧时的门窗与现代的有很大区别，全用窗棂填芯，背后糊窗户纸。后来虽有改进，也只是部分地使用玻璃，并不彻底取消窗棂。理论是玻璃只隔风，不隔寒，影响冬天室内保暖。随着经济的发展，生活水平的提高，采暖设施的进化，人们更追求居室的明亮采光，门窗填芯几乎全部采用玻璃。于是关于玻璃的理论渐渐被人淡忘，而旧时的窗棂门窗，也被人们称为了"旧式"门窗。

旧式门窗利用窗棂的长短、形体和方向变化，可做出许多种花样，诸如步步锦、灯笼框、套方、盘肠、蚂蚁斜、五方卡，等等，方方斜斜，技术复杂。但对于一个成熟老练的师傅来说，做这些民间百姓的普通木活儿，可说是不在话下，轻车熟路。木匠能根据雇主的意愿，把各种样式进行再糅合，做出不重复的花样来，不仅这一家各房间样式不重复，而且各家与各家不重复，既显示手艺，也强化自己的技能。徒弟则大开眼界，大长知识，这些知识眼下只是积累和储备，将来却是他自立后提取资料的库藏。

几种"活儿"

机关厂矿有时也雇木匠干活，木匠称之为公家活儿，生产队的叫队里活儿，把给私人干活称之为干乡活儿。

零活儿，是指用工少的活儿。张家做个桌子，李家做个柜子，多的三天五天，少的三日两日，经常搬行李换雇主，也不用多人集中在一起，适合两个人的作伙儿或一个人单干。乡村中零活很多，因为那时人们的许多用具都要用木料打制和维修。有的木匠长年做零活。虽是零活，多数都有工眼儿标准。木匠的工眼儿数，是以完成"白茬儿"交活儿的，不包括油漆。油漆活儿由专门的画匠负责，他们在衣箱的前脸儿上画"八仙人"（八仙过海）等故事，在小木匣上画鸳鸯戏水或花卉等。普通人家常常是让木匠直接油漆，简单的刷漆活儿，木匠还是能干的。

由于有工眼儿管着，也由于要赢得"干活快"的赞誉，木匠做活从不偷懒磨蹭，不管主人是否在场，该干时就干，该歇了就歇，绝对不会把两天的活儿分成三天干，倒常常把五天的活儿用四天干完。

漂活儿，是给人白干的活，大都是零星的，不够干一个工日的，不值得雇请木匠的小活。大多是雇主家周围的邻居，趁着有木匠，工具现成，或做条扁担，或修平菜板等。"木匠帮个忙，好歹半个工"，半天工是夸张了些，但个把钟头总是有的。这种活儿不能占用正式的工作时间，只能利用歇息时间。木匠心里虽然不乐意，但嘴上还是客客气气，总不能既帮了忙，还丢了人缘。

乡活中，盖房打木架做门窗用的工日多，要算是大活儿了。做花样窗户用工更多。俩人一拨的小作伙，每年若有十几间房的工作，至少半年不用闲着。其次是较集中的零活儿，单件家具都属于零活儿，但集中制作，也算是大活儿了。要娶媳妇的人家大多做几件新家具充实新房。

天寒不建房

做几份装修以及若干零活后，转眼冬天到了。在农村，冬天一般是不建房的。过去，民间建筑必须随着季节走。百姓家要搭盖几间房，非常不容易，省吃俭用攒钱，购置砖石木料及灰土。灰土和成泥垒砌砖石，最怕冻。一冻一化变成粉末从墙上脱落下来，墙失去灰泥，就失去了坚固。所以，盖房子尽量选择春季。秋季忙于秋收是一方面，主要是怕工程拖延，遇到早寒冰冻。

伐树最好在冬季

冬季里，木匠多了一项活茬儿——伐树。冬天来了，树落光了叶子，正是树"收津脉"，木头棕眼收缩，木质返硬的时候。需要砍伐的树木，要在春天树发芽长叶"出津脉"之前伐倒。

伐树的木匠最好会爬树。山上野外的树，可根据地形和树身倾向，掌握树体的倒向。伐村里房前屋后的树，为控制倒向，须把拉拽树的绳子拴到树上去，把巨大的树冠枝杈卸掉。不会爬树或懒得爬树，可由雇主或木匠请会爬树的人代替，但必须听从木匠的指挥。伐树是一种危险性较大的活儿，弄不好树倒下时会砸伤人，树梢抽着人，根部蹦起伤着人。尤其长在庭院里的树，放倒时还要注意不可砸坏房屋，否则，树的价值还不够修房子的费用。所以，伐树时，既要胆大，又要心细，特别的小心，目测出准确的场地距离是关键。

伐树本身是一种用工不多的活茬儿，但后边常跟续着大锯活儿。木匠行业有个不成文的规矩，前边的活儿是谁干的，后期的活儿还应该由他接茬儿干。但规矩往往被破坏。伐倒的树，按照需要被截成木段，然后用大锯破成板材，待风干后使用。

木匠的大锯功

人们都说拉大锯是木匠最累的一种活儿，不是没有道理。尤其是较长的木头，树立起来很高，要搭脚手架才够得着，爬上去拉锯还要掌握好身体平衡，连续几天下来，体力消耗很大。即使天气凉爽，木匠也是满头大汗。天气稍热，汗水湿透衣裳更属常事。肩上搭条毛巾，或把毛巾系在大锯拐上，拉一阵子就要停下来擦汗。擦汗的毛巾能拧出水来，累是肯定的。

拉大锯虽说费力但是省心，用墨斗弹好墨线后，只剩下来回拉锯单纯的力气活儿了。只要两个人配合的好，唰唰的锯木声，听着就让人欢快顺畅。但如果两个人不"对把"，越拉越别扭，不仅费力添累，而且心烦上火，互相埋怨对方，甚至有摔锯而去者。

据说，有个犟脾气木匠，没有人愿意与他搭伴，遇上非拉大锯不可的活儿，也只好一个人干。怎么干呢？他用一块石头拴在大锯的另一头，这边拽几下，然后换位置去那边拉几下。听来可笑，仔细想一想，却又笑不出来。因为他能在无奈中，想出唯一可行的办法。

就某种意义上说，大锯活儿可以检验出一个木匠技术和修为的水平高低。只有完全达到了"师傅"水平的木匠，才能和任何人配合拉好大锯。他能以我为主地适应他人，不愠不火，包括临时找来帮忙拉锯的纯粹外行人。

木匠的画功

木匠这种手艺活儿，集设计和施工于一身，自己画线自己做，不仅耗费体力，同时耗费脑力。一项活茬儿，从谋划、选料、加工到组装完成，每一道工序都离不开脑力劳动。

有人认为，木匠坐着下线画活时最轻松。这只说对一半。画活只是体力轻了，却正是全神贯注用脑子的时候，心力并不轻松，即使是老练的木匠也是如此。他要把一项活茬儿的整体框架结构，在头脑里绘成完美的无纸之图，再逐项分解开，准确地绘制在各种型材上，然后根据画定的线形，进行再加工。组装是最后一道工序，行话叫"成功"。只要有一处画不对，组装时就成不了功。

以盖房做木架为例。首先头脑中要有若干间房架的整体规划，然后分解落实到各个柁、檩、椽、柱等多种构件上，不仅要考虑到各构件之间的关联与结合，同时还要顾及到后期门窗与木架的结合。一架柁，要分解成大柁、二柁、盖柁、瓜柱等。瓜柱又分为脊瓜柱，上襟瓜柱、下襟瓜柱。山柁瓜柱与明柁瓜柱的画法又有不同，还要记住可能出现的特殊情况的特殊画法，如此众多的零件，都要一次性准确无误地完成，并最后完成组装成功，可知木匠的脑子里装着多少东西。

到了画活的时候，师傅们往往互相推让，都说愿意干现成的活儿。推让中有谦逊的成分，也确实有八分的诚意。宁可多出力气，不愿干费心的事。一般情况下，谁应的活谁为主（雇主最先面请的木匠），为主的木匠具有领作的资格，尺寸和样式的决定应以他的意见为主。那么，掌尺画活也就非他莫属。这是多年沿袭下来的规矩，主要为了防止群龙无首、各行其事，但也不具有绝对的约束力，多数情况是大家商量着办，谁的意见好，就听谁的。除非有了分歧，还是以领作的意见为主。

画活虽费脑力，应活的还要担当责任，但对于一个胸有成竹的师傅而言，实在算不上什么。

木匠的应活功

不会应活的木匠不是好木匠。应接雇主的活茬儿叫应活儿，就是答应去干活，并做出时间安排。商品没有市场，只能积压在库房里，木匠没有雇主，就没有地方出售手艺，但雇主多了，要把干活的先后次序安排好，防止跑活，也防止给自己造成麻烦。

要根据季节、气候、活茬儿的大小、活茬儿的缓急、雇主的脾性、自己的技术能力和完成工作的速度，以及其他许多情况，当时给雇主一个满意的答复，保住自己的业务不流失。前面说过，盖房子是农家的大事，是季节性较强的工程，就要优先其他零活，总不能大好春光先做零活，把木架活儿拖到雨季。再者，盖房子做木架本身就是大活儿，而且后边还跟续着门窗装修和可能的家具制作。一份这样的活要顶若干份零活，丢了很可惜的，总要优先安排。对娶媳妇添家具的，要根据结婚的日期、工作量的大小、完成的速度、油漆的干固时间等，做出安排。有时，男方按计划备齐了一切，女方突然提出要做一件什么器物，男方只好照办。类似这样的活茬儿，必须先做，可像排队买东西"加塞儿"一样，加一份活，其他雇主一般都能理解、礼让，既理解加塞儿者的特殊情况，也理解木匠的苦衷。

手艺好的木匠应接的雇主也多，干着张家的活儿，李家又来请，东村的活儿还应着，西村又来催。活总要一家一家的做，暂时去不了的，只能先应许着。正常情况下，应该是先应的先去，但又怕后来的雇主等不得而另请别人（俗称跑活儿）。可以有意地把后来者往前排，以安其心，但不能说的很死，要留有余地。新中国成立前，有钱盖房子的人家很少，一个村子一年中有不了三家几户，零活也不是很多。那时木匠也少，周遭若干村落只有几个木匠，太多了社会供养不起，所以木匠的活动范围也大，有时要背挎着工具步行几十里去雇主家。不要怕辛苦、怕跑路，不要把一个村里的活都集中干完了再去另一个村子，总要留个尾巴等回来再收拾。不然离开的时间长了，人们会把你淡忘后，去找别的木匠。

新中国成立后，尤其到了七八十年代，盖新房的相当多，零活也相应地增多。木匠的人数也逐渐多起来，几乎村村都有，有的村多达十几个。木匠的活动范围也小了许多，多在附近地区做。不会应活儿，不仅跑活儿，还可能伤雇主的面子，伤熟人的面子。

有时应活儿也看雇主的脾气秉性。善者不争，好商量，只要理由合理，在同样的情况下，他会把先机善意的让给别人。木匠这样做的确有些不公，实在是竞争机制使然。

应活儿，必须考虑到自己完成工作项目的能力，考虑到工作的难度和风险。难度大，会把工程半途搁浅，有损名声。风险大，弄不好会发生事故，危及人身安全。但难度大、风险大的活，干好了，可大大提高知名度，扩大影响，从而增加业务量。

险活儿——抽梁换柱

"抽梁换柱"即是风险较大的活儿。换柱尚可，抽梁尤甚。房子整体都很好，偏偏一架明柁出了毛病，柁下支根柱子，即可解决问题，但室内将失去宽敞和美观，给生活带来不方便。雇主肯定不满意。唯一的办法，就是不用拆去房顶，抽出旧柁，更换新柁。要逐根把二排房檩连同房顶一同顶起，使其刚好脱离与柁的接触，下面用木头临时支住，然后把柁拆散，最后把柁抽出，新柁先已备好，随时换上。在狭小的空间里，调换沉重体大的柁梁，过程十分危险，弄不好房顶会塌下来，在屋里干活的人随时都处在危险之中。这样的活儿，雇主请谁去，也是论工日付工钱，并不因为危险大而多付钱。木匠也不会因风险大而多讨。为什么？没这个规矩。

这种活儿，在一个木匠的活动范围内，多少个村庄，几十年时间发生的概率微乎其微。绝大多数的木匠一辈子都不会遇到，不要说干，就连听也听不完全。遇到了，最好不要退缩，退缩就失掉了唯一的一次实践机会。怎么干？全凭自己的知识技术积累、才智和胆量了。

大凡木匠活儿，都有一定的技术原理和施工程序，只要设计好操作步骤，按部就班进行操作，安全顺利地完成施工是不成问题的。

做活要灵活

木匠吃的是百家饭，干的是百家活儿，什么样的雇主都有，什么样的活儿都能遇到。雇主们根据自己的需要，向木匠提出某种技术要求，是正常合理的。在雇主眼里，凡是用木头做的活儿，木匠都应该会干。作为木匠，也应该认为，凡是用木头的活儿都应该能干，即使以前没干过，甚至没见过的生疏活儿，也绝不要轻易说出"没做过，不会做，做不了"，总要千方百计，想方设法完成它，使雇主满意。以前的乡村盖房全是立字柁，木匠们熟之又熟。后来公家盖房要用人字柁，因为他的跨度大，室内空间大，更适合办公、开会或者做厂房。那时的乡村木匠，从没有做过这样的活儿，但经过细心琢磨，大胆实践，终于闯过了这一难关。当然，木匠特有的傲气，也同时得到了强化。

"活——活"，师傅常常对徒弟说，头一个"活"，是活儿的意思，指的是眼下正干着的活儿或以后要干的活儿。第二个"活",是灵活的活,只要不是特别特殊的技术活,都可试着干,关键是开动脑筋,多想办法,这条道走不通,可再试别的办法,不能一条道走到黑。

"旧活——就合"。在修缮旧房旧物时,不要死板地按旧有样式,绝对复原,灵活的变更,大概恢复原状就可以了。

"一个木匠,半个先生"

一个好木匠,不仅应当心灵手巧,又快又好地做出各种木活儿,还要留心与本业有关的当地习俗,知晓民间的传统做法和讲究,以便更好地为雇主服务。雇主自会报以感激之情。

"一个木匠,半个先生"。木匠一生,参与修造建筑颇多,积累了很多经验。乡村人盖房子,大多要请风水先生看一看。在具体施工中,雇主对一些临时遇到的问题,还可能产生疑虑,木匠应按照当地的习惯和风俗,利用"先生的"知识道理,给以启示和解释,扫除雇主的疑虑,同时提出解决的办法,供雇主参考。这就要求木匠具备一些"先生"的常识,适时而用。尤其在房柱高度,门口位置,后窗朝向等木匠直接施工的事情上,更要按规矩做。木匠与雇主之间,虽然有"拙匠人,巧主人"的处事关系,但也不要一味顺主,至少提出自己的意见和办法,尽可能地说服雇主,避免发生四邻纠纷。这是木匠应有的职业道德,对人对己都没有坏处。

风水先生有择定手段,"半个先生"不可忘了建议责任。雇主常会听从木匠的启示,采纳他的意见。简单地把雇主的疑虑斥为迷信,不但解决不了问题,还会使人反感。不负责任地劝以"信则有,不信则无",只能加重疑虑,让人忐忑。

对一些忌讳,也不可不注意。如,提前为老人做出的寿材(棺材),必然要存放起来。木匠做好之后,随手捡几块废木头放进空棺内,因为有人认为棺材空着肚子有进食的欲望。存放时,要大头朝里,小头朝外摆放,因为棺材在用时才大头朝外。有时雇主对这样的忌讳不甚了了,木匠提个醒,可免事后有人埋怨和非议。

出　师

总之,木匠学徒三年,耳闻目睹了木匠施业的过程,学会了所有工具的使用,学会了许多木活的制作技能,明白了许多从事这一行业的道理,为满师后独立开业打下了基础,但是,要开创出属于自己的一片天地,还有很长的路要走。

学徒满师,叫出师;对师傅来说,叫出徒。学徒满师后,有两条路可走。一条是继续留在师作，在师傅的统带下，过安定的日子，可免四处奔波，独自张罗开业的烦恼。但是，有得必有失，在工钱收入上，往往被师傅"糊涂"去若干。这对于苦熬了三年零一节，满师后打算成家立业的人，难免不生怨气，情绪和言语中又不能表露出不满，不敢怒也不敢言。寄人篱下，只能忍气吞声。时间久了，师徒之间就会出现感情别扭，徒弟对师傅失去了信任，以后一旦离开师作，轻易不与师作搭伙。虽然逢年过节照常去看望师傅，但那已经是两回事。

另一条路，是满师后马上离开师作，去开创自己的天地。万事开头难，以后的路怎么走，心中空荡荡一片茫然，孤零零怅然无助。

又一个约定与现实

首先要添置工具。学徒时使用的工具都是师傅的。当初师徒约定中有一条，出徒时，师傅送一套工具给徒弟，既表示对徒弟的关爱，也内含你已学成，可以独立工作离开师傅了，所以，离师时，师傅客气地说"把你常用的斧子带走吧，其他工具你看着拿吧"。所说的其他工具，多是平时大家共用的，只有一套，你拿走了，师作没的用，所以不能带走。师傅又绝不会花钱另买一套送给你。

木匠工具，主要分两种。铁制的"刃子家伙"，如斧子、锛子、各种凿刀、刨刀、各类锯条等，需花钱购买；木质的，如各类刨床、各种尺，以及锛苦子、锯梁锯拐、墨斗等，都是自己制作。学徒三年多，徒弟已经学会并制作了各种类型的木质工具，但刃子家伙很少，必须添置齐全。买工具需去城里，小地方虽也有卖，但品种不全。现如今，五金商店很多，木匠工具容易买到，即使去城里专营店买，乘公交车或打车都很方便。过去交通不便，进城只能步行，早晨起五更，顶星星摸黑出发，晚上顶着星星回来，来去要走二百多里路。

帮　　作

配齐了工具，去哪干活呢？出师前不可能应接下雇主，雇主也不可能知道你已离师，就立即去找你做活儿。离开了师作，就等于失了业。现在的人都知道利用广告的形式招揽和扩大业务，但木匠不可能到处吆喝去找雇主。木匠是坐庄买卖，只能等雇主找木匠。唯一的办法是投靠他人。寻找可能需要帮手，又乐于助人，最好是挑单单干的木匠，提出帮作的请求。若能得到允许，就可跟着他一起干活儿了。不然只好再找别人。平常人尚知道求人难，手艺人大都傲性很强，求人时更觉为难。无奈，为了生存，只能舍去脸面。

木匠能有一个好搭档，如同交上一个好朋友，那是他的幸运、福分。前面说过"一个木匠不算木匠"。要单的木匠也需要有人来合作，尤其是年近中年的木匠，还可借重初离师者的年轻力壮提高名声。

只要搭作成功，就能开展职业。干上一段时间，在地方上有了影响，逐渐地就有雇主找上门来，自己也可应些活儿，扩大伙伴的业务，给伙伴带来效益。随着时间的增长，在乡民中的名气也逐渐大了起来，在人们的心目中，终于是位"师傅"了。

帮作是个过渡，完成过渡，也铺就了木匠生涯之路，以后他就是一个真正的木匠了。他对在困难时帮助过自己的人，一生都怀有深深的感激之情。

"二把刀"

"二把刀"，是指不通晓某行业的深层技术，仅知皮毛的人。

木匠行业的"二把刀"，实在算不得木匠。这类人中，有投师干了一年半载，后因种种原因辞师而去者。有虽经师学徒，但实在缺乏天分始终未学成者，也有喜好木匠这个行当，不投师，靠自己的聪明摸索到一点门道的人，他们能使用工具，但不精熟；经历制作过程，但不知其所以然，仍不能独立完成制作，即使做了，也达不到标准。技能和修养长期停留在初期学徒的阶段，总达不到一个成熟的师傅水平。

雇主们不可能直接雇请他们为自己服务，所以他们没有独立应活儿的机会，只能在真正的木匠带领下，受支使，干些现成的工具活儿。

有的时候，木匠们活儿多很忙，尤其是先期活，为了把控后续制作，不得不找人帮忙抢活。如，春季里打造木架，雇主本想雇请某木匠，又顾虑他人少活多，忙不过来，若专等此人，必要很长时间，季节不等人，弄不好会拖到雨季，给建房带来很多不利和麻烦，只好另请他人。木匠深知此情，为给以后的业务打下基础，于是找人帮忙，抢做木架活。好在木架活不是很精细。这样，二把刀们就派上了用场。有时拉大锯一类的活儿，也找他们干。设计和掌尺他们不行，简单的糙活儿总能顶个人。

活儿干完了，木匠会婉言辞去他们，虽是打短工，干力气活儿，他们却也乐意和木匠一起，享受一阵子师傅待遇，总是美事一桩。

三 类 木 匠

如果一定要把木匠分个档次，那么师承好，悟性高，能够遵从行业规矩的，大概要算是一流木匠了。他们心灵手巧，手艺出众，职业知识丰富，干活出力，又能与人为善，在乡民中有很好的口碑。其次是平平者，他们人数较多，似乎永远停滞在原有水平上，职业知识不足，业绩平平，进步缓慢，能应接普通的大路活儿，文化水平低限制了他们的钻研空间。还有一类，他们的名气很大，多以不雅的绰号为人所知，先天知识不足，陋习却在众匠之上，这类人大多是半路出家者或者中途辞师者，依着自吹自擂，自捧自夸造成的效果，也能寻些雇主，三天打鱼，两天晒网，雇主们常常在事后后悔自己的选择。

矛盾的选择

平时各自分散串乡做活的木匠们，有时遇到大工程，必须若干个小组集中起来成大作儿。这是学习和提高技艺的场所，也是显现技能和出名的机会。平日里，谁有多高的技能，无从比较，只有在大作儿里，才显得出来。

"鸟入丛林，匠（怕）入作"。为眼下也为以后在行业中占有一席之地，木匠们在大作中都不甘落后于人。于是八仙过海，各显家艺，有意无意地显露一手，显示自己的专长，以赢得同行们的佩服和认可，至少不能被同行看低。

手艺再好的匠人，也不会是全才，总在某个方面或某项操作技术上逊人一筹，有了比较，也就有了高低优劣之分。平日里孤傲的性情，在大作中也变得温和谦逊，只有不知天之高、地之厚的那类人，仍自高自大，招人生厌，最终落得个让人嘲笑的结局，恨恨而去。

木匠的心态，在很多事情上都是矛盾的。带徒弟，既要教他，又要留一手；同行之间，既是竞争的对手，又可能是合作的伙伴；对技艺不懈的追求，却对本行感到厌倦；常自我欣赏属于上九流，也认可不过是伺候人的；总说"掇泥匠，不拜佛"，却又相信因果，敬畏神灵。对于入大作，是既希望经多见广，经事长智，提高自己，又不愿在作中受贬比。

入大作的机会是很少有的，因为形成大作的大工程是很少的。

技术的保守

师傅的专业素质，很大程度上局限着徒弟的水平。跟多高的师傅，学多高的手艺。只有广泛地接触各路匠人，能者为师，不耻下问，才能大长技能。

但是，木匠们在技术上相当保守。这可能是所有技术行业存在的普遍现象。"一招鲜，吃遍天"。说的是一技之长的重要，直接关系到行业中的名气，关系到自己的生活来源。技术好，名气大，雇主就多，木匠们走村串乡耍手艺，不过是为了谋生活。

学徒期间，只要勤学好问，为师者多有问必答。就是其他木匠，对学徒的求问，也不好拒之不答。但是，一旦出师独立，再向人求教，得到的答复往往是含混不清，或答非所问，既不伤害情面，又保守住技术。有的干脆笑着回答说"不知道"，让人无法再开口。

"艺人独"。木匠们常自叹道："唉！艺人独啊！"。话语中既抱怨他人的保守，同时也为自己的保守开脱。"同行是冤家"，是几乎所有手艺人共同认定的道理。

从事了木匠行业，就与所有同行产生了竞争。争雇主，争活茬儿，争市场，争生存。竞争中，技术是竞争的力量，谁掌握的技术多，技术精，谁的竞争力就强。手艺好，活茬儿多的干不过来。手艺差的，活茬儿往往接不上。

"宁教一手，不教一口"

"教会徒弟，饿死师傅"。由于竞争利害关系的存在，即使在师徒之间，也存在"宁教一手，不教一口"的现象。因为今天的徒弟，就是未来的师傅，独立之后就是有限市场中的竞争对手。"教一手"，因师徒名分在，师傅不得不教给徒弟一种技术手法，但往往留下了"一口"。"宁教一手"，一个"宁"字，准确表达了传艺者的心态。

"一口"是什么？是多年实践中总结出的经验理论，具有普遍指导意义。呈押韵顺口的谚语形式，内涵深刻准确的技术知识和事理，一语中的。

例如，板材粘接要用鳔胶，鳔汁的黏稠度关系到粘接效果，关系到器物的质量。怎样掌握鳔汁黏稠度，什么情况下稠，什么情况下稀，靠什么定标准呢？师傅看过鳔锅里的鳔汁，说："哎呀，稀了，再熬稠些吧。"有时，师傅说："太稠了，再加些水吧。"徒弟照办了，但始终懵懂，不明个中道理。于是，师傅说，熬鳔胶要"冬流夏稠"。只这"一口"，让人豁然明白了用鳔的道理。再加上板材干燥，板缝严实，这样粘接的板面几十年甚至上百年不开裂。

现如今，粘接用胶不仅品种多，而且使用方便，不用熬制。但在过去，这"一口"就是技术资本，是施业的实力，当然也是不轻易外传的秘密。

又如，做碾子的木框，看上去很简单，但技术要求却不低。安装好的碾轱辘，推动起来运转应当轻快，秘密在哪里呢？在碾脐和碾窝的间隙上，"一分轻，二分重，三分脐儿推不动"。没人教这"一口"，那么做碾框的人，永远不能准确使用这个技术标准。

木匠们有时在一起议论，你留一手，我留一手，如此代代相留，到最后时，岂不一手全无。有些使人担心。但木匠这行当，千百年来，照样存在，并未断绝。

其实，匠人对保守的对象是有选择的，对自己的子弟是倾囊相授的。木匠行里也讲究子弟班。儿子跟着老子学艺，老子唯恐儿子技术不济，不如人，岂能再留一手。哥哥带弟弟从业，将来肯定是一个作伙里的人，不教会他，以后一起干活时，还得自己费力，情义上也过不去。对心地善，人品好的徒弟，师傅喜欢他，也不会保守。况且"有状元徒弟，没有状元师傅"。在师承的基础上，只要虚心好学，勤于钻研，人品端正有人缘，即使不是子弟班出身，也同样能学到更多的技术和知识。悟性高的，还能开发出新东西，成为佼佼者。

不光彩的"偷学儿"

由于互相保守的原因，使得偷学他人技艺，成为行业中的一种陋习。"偷学"在行业用语中含有很大的贬义。一贬得到技艺的方法不光明，二贬得不到技艺的真髓，用时达不到标准，漏洞频出。同时也有对偷学者的人品的贬斥责备。

学艺人见艺学艺，而后模仿演练，确实是一个快捷的学习方法。师傅把技能演示给徒弟，让徒弟看到操作过程，从而完成授艺。如果徒弟只顾低头干活儿，不留心师傅的示范，就是徒弟的问题了。有的木匠为显示自己的技能，露一手，也会有意无意地送人一招。有的木匠特意请人吃酒，酒酣意浓时向人讨教，被请者觉得情短，还人以艺，教人一手，学者有心，教者乐意，明正授受，与偷毫无关系。

木匠们在业务上的竞争，使技艺成为重要的筹码。一方面要保守自己的专长技术不使扩散，一方面又想得到新的技能提高自己。直接问人求艺多获不果，而偷学却常能取得意想不到的收获。

偷学者与被偷者往往是搭伴在一起干活的人。乘人不在，偷看他的木活儿实样，"啊，原来是这样"，恍然大悟。即使不在一起干活，只要能拉上关系搭上话，便可借串作聊天的机会去看他人的操作过程，见艺学艺。

另有一类，不会装会，使人误以为他已掌握了某种技艺，没必要再对他保密，从而演示了制作过程，结果受骗上当，被人学去了技艺。这种骗艺最没德行，拿去了人家的东西，毫不领情，毫无愧意，甚至自庆得逞，得了便宜还卖乖，只能让同行人心冷，疏而远之。贼人偷钱财，被窃者对偷儿愤恨至极，常常是咬牙切齿。艺人们对偷艺者，心中虽也不快，但不至于大恨，虽不赞赏，也不深怨，听之任之。

木匠不亚于中等文化人？

著名演员赵本山在小品剧《我想有个家》中，对木匠有一笔形象而传神的描画，道白"四级木工相当中级知识分子"后，立刻沾沾自喜，神采飞扬，颇为自负。

工人的工资实行级别制，从学徒工开始，最高为八级。虽是工资级，也可说明工人的综合实力，四级工应是老练的工人了。四级木工也应达到了一个成熟的师傅水平。"相当中级知识分子"，虽是艺术笑点，夸张，但比喻确是恰如其分、恰到好处的，说中了木匠的一种心理。乡村的木匠师傅们虽然没有工人那样的级别，但他们的确认为自己的知识和修养不亚于中等文化人。

几十年前的普通农民，生产生活的范围，主要是家宅和田地之间。据说，在偏僻的农村里，甚至有老妇自嫁来后，再没走出去过。应该承认，在那时，木匠由于长年外出做工，活动的范围广，相遇的人多，经历的事多，并且手艺人中愚笨的人少，大都善于学习和接受知识，他们的素养要高于一般人。

木匠虽然是体力劳动者，文字水平低，但言谈举止，仪表形象不粗俗，待人接物，有情有理。他们讲究外表干净利落，看不惯不修边幅；讲究站有站相、坐有坐相，站着不能拖腰拉胯，坐着不能身歪体斜；讲究吃相，年轻的学徒可以狼吞虎咽，为师的不能有紧吃大嚼的饥迫样，嘴巴不可发出让人讨厌的声响；言谈风趣，但从不毫无顾忌地哈哈大笑，绝无低级下流话；讲究衣不露体，大热天照样穿长裤，甚至不挽起裤腿，任凭汗流浃背，也不赤膊光膀子，等等。自尊、自爱、自贵，培养和树立良好的手艺人形象，是他们从学徒开始就努力修习的功课。

自傲的深处是自卑

木匠的性格大多直率，说话做事直来直去，不绕弯子，可以说，朴实无华是他们的作风。但人们总感觉与木匠相处不易，总觉得有一面无形的盾牌挡在面前，尤其是木匠同行之间，这种感觉更明显。在木匠随和而又严肃的仪态中，有一股独特的高傲气，以防范戒备方式表现出来，既不拒人千里，也不过分亲近。

旧时的观念，把社会行业分为上九流和下九流，木匠们因工匠属于上九流而引以为荣，为不屈居人下而自豪，为受到社会的尊重而骄傲。木匠们因为自己拥有人人有用的一技之长，绝不会主动请求雇主的业务，相反，是等着雇主慕名上门来"请求"自己去做活，雇主本是主人，但此时似乎没了主人的硬气。这种地位的倒置，也加重了木匠们位在人上的心理。乡人和雇主对手艺人的热情和优待，由来已久，经久成习，这在客观上更增强了木匠们的优越感，成为助长他们傲气的温床。木匠们为享受到别人尊重而得意，然而，木匠们在骄傲和得意之余，常常顾影自怜，长年背着个家伙斗子，走东村去西庄，出张家进李家，早出晚归，辛辛苦苦，为了什么？不过是为了生活混口饭吃。受到优待，是雇主的客气，是多年沿袭下来的习惯，是要用优质服务回报人家的。归根到底，不过是靠手艺和力气伺候人罢了。他们没有忘记这个行业的性质，清醒地知道自己的身份。他们学成了这行手艺，没有其他选择，只能沿着这条生活道路走下去。他们在矛盾中生活，既有骄傲的资本，也有被看不起的缘由，于是与人相处时，总是处于戒备状态，非常敏感。

木匠们常为了不值得的小事较真，为几句无足轻重的话语发生口角争执，甚至翻脸伤和气。他们总爱把自己放在至高的位置，要求得到别人的尊重。自尊、自褒、自傲、自负，几乎是他们每个人的心态和脾性。他们喜欢听褒奖话，尽管褒奖中多有恭维。他们把对别人的褒奖也认为是对自己的贬低。他们容不得当面批评，甚至把善意的批评也当做贬斥，把良好的建议当做嘲讽，予以抵触或反唇相讥。他们认定"艺人相轻"是祖辈相传的真理，悟不出艺人相捧也会带来益处。有时差错就摆在面前，也要强找理由进行辩解。绝不心悦诚服地承认错误。他们顽强摆出师傅的架子，认为这样才有尊严。此时，徒弟常常是替罪羊，把错误推在徒弟身上，当众训斥一顿，既解脱自己的窘境，又在人前树威立尊。

人自尊、自爱本是好事，有一点傲气也无可厚非，但木匠的自尊心太强，强的老虎屁股摸不得。

尽管"四级木工相当中级知识分子"，尽管他们努力完善自己，但木匠终归是木匠。行业特点决定了他们的气质和形象。

木匠也有沮丧时

平日里，木匠们总能受到雇主们客人般的招待。虽不是嘉宾贵客的待遇，但茶饭热情、语言亲切，至少让人置身于欢快的气氛中。然而也有大煞风景的时候，不是主人不热情，实在是热情不起来。

有一种活儿，没得商量，只要找到头上，木匠立马放下手中的活，赶往事主家，原先的雇主决不阻拦，只需打个招呼就行。这种活儿就是赶制棺材，也叫赶热活。有人去世，没有现成的棺材装殓，只得赶紧赶制。

过去，家里有老人，孝敬的儿女都会提前把棺材做好，找地方存放起来，以防临期着忙。老人也愿意看到自己在未来那个世界的"房子"。棺材也叫寿材，听起来有些喜气。老丧为喜。有的老人寿数长，寿材存放多年后，陈旧走形，不得不拆开重新做。如果提前没准备好，人去世了，只好临时现赶。常是好几个木匠，从各处集中到事主家，昼夜不停，直到做成为止。

这样的活儿，每年都有几次。加夜班更是常事。木匠们叫"打夜作"。打夜作是要加工钱的，就像现在加夜班拿双份工资一样。现在打工讲究承包计件形式，多干多挣。过去木匠做活几乎全是按日记工，绝少承包。木匠总觉得有力气没地方卖。打夜作虽然仍按日计酬，但白天黑夜都干活，有双份收入进项，可以说发了一点"灾难"小财。但这个钱可不是好挣的。首先，在夜里干活，虽有照明，但明黑天不如暗白日，总不及白天光亮，不得眼，容易出红伤，不安全。干活时要处处加小心。木匠给私人家干活，是没有劳动保护的，出了红伤事故，只能自己歇息治疗。更让人不得劲的，是干活和小歇的环境不佳。有的死者在屋里停尸，木匠在屋外院子里干活。乡村习俗死者生前好友和亲属后辈，闻知丧讯，都要赶来祭奠悼念，在死者灵床前烧化纸钱，并放声一哭，以示悲痛。守灵的亲属也不时地号啕一阵，为的是召唤死者灵魂不要远去。空气中时时弥漫着呛鼻熏脑的烧纸气味，阵阵哭声震颤着灯光惨淡的夜空——凄戚阴晦的气氛笼罩着整座院落。有的丧家屋子少，木匠吃饭时要进到屋里（工间歇息绝不进屋的，即使是冬天，也在院子里喝水小歇），床上躺着死者，尸身上蒙盖着被子，屋里有一种特有的气味，不知是尸味还是烧纸味，或是二者的混合味，使人呼吸憋闷不畅，心蹙胃翻。木匠干了半宿活儿，无奈饥肠需要充填，于是大家闷了头吃饭，很少说话，若在平时，几个木匠聚在一起，少不了天南地北、趣事新闻地山侃。而此时饭食似乎变了味道，人也没了胃口，木匠大多吃不好，草草了事。有的守灵者，该哭了就要哭一哭，不管木匠正在用饭，尤其第一声起哭，冷不丁响起，更深夜静，着实让人心颤肝抖。木匠们个个神态木然、面色凄苦、语言空乏、口气唏嘘，没有了平日里"师傅"的神采，没法再端"师傅"的架势。无奈，他们从事了这个职业，赶上什么算什么，他们此时，不过是亡者冥去的送行者。骄傲的师傅们也有神情沮丧的时候。

拙匠人，巧主人

木匠给人做活，并非完全独立做主，随心所欲，有时会直接受到限制，不能彻底发挥专长。与雇主意见相左，是经常发生的事。按照"拙匠人，巧主人"的施业原则，最终只能遵从雇主的决定，也是没办法的事。雇主们的脾气秉性，以及对木活加工技术的认知程度，大有差异，但他们是主人，这一点是相同的。主人有决定权。

有的雇主，雇过或多次雇过木匠，或比较了解手艺人的职业作为，相信他们的业务能力和人品，也理解他们的苦衷，经验教会了他如何选择被雇者，他特会处理与被雇者的关系。在交代过工作的内容、样式和标准后，放心地让人去干，他不以主人自居，用建议的方式提出意见，用商量的口气提出要求，更多地听取木匠的意见，考虑后，尽量采纳。他要与木匠一起共同做好自己的事情，结果是达到了目的，还建立了友情。双方皆大欢喜。

　　有的雇主，对木活的施工技术，缺乏了解，他以主人的身份坚持己见，对木匠提出的意见，漠然置之，不予重视。好像木匠是在故弄玄虚，无中生有，添麻烦。木匠虽然很为难，但也没办法，最终仍要听从主人的决定。这种情况下，难免不出问题。曾有一房主，盖房做木架时，木匠根据多年的实践经验，对其中一根看似粗壮的明柁柁料提出异议，几次建议更换。雇主先是疑惑，而后不置可否，最后否定了木匠的意见。房子建成后，柁体果然承不住房顶的沉重压力，发生断裂，不得不重新更换。房主损失了财力，木匠也损失了名誉，因为外界人不知内情，只知柁是木匠做的，不知木匠当时有建议。结果是双方都不满意。又有人打做家具，坚持让木匠使用半干的木料，家具做成后，发生走形。事后，雇主不提起木匠曾反对使用湿料，只怪木匠手艺潮。对这样的雇主，木匠最是无奈，正确的意见遭到否定，施工又不能因此半途中断，只能听之任之。

　　还有个别雇主，因为他是主人，似乎木活知识比专业木匠还专业，要木匠这样做或那样做，使木匠干也不是，不干也不是，放不开手脚。这样的人，大多爱挑剔，对做成的木活，看这里不行，看那里也不好，简直一无是处。最后，活儿干完，不欢而散。"拙匠人，巧主人"，对这样的雇主，木匠只有忍耐。

　　都说"做事不由东，累死也无功"。却不知，事事全由东，问题由此生。为难的是手艺人。

　　木匠与雇主的关系，在劳务存续期间，基本处于被支配的地位。向雇主提要求，看上去很像在支使雇主，实际上是为了完成工作的需要，诸如提供施工的计划，所需的材料，干活的场地，以及其他什么，等等。没有（除了工钱）向雇主要求其他个人利益的权力。施工中，木匠进行的似乎是自己做主的制作，其实是不超越雇主意志范围的被动劳动。这是这种临时劳务的存续原则，这个原则在劳务关系成立的同时，也一起产生了。木匠为能得到业务和工钱回报，就必须认可这种关系，遵从雇主的意志，服从雇主的支配，之所以对某些雇主持听之任之、忍耐的态度，主要原因也是这种关系的先期存在。即使是心性高傲、脾气暴躁的木匠，尽管他完全出于维护雇主利益的一片忠心，面对雇主的无知无理，也决然不会公然对抗，更不会罢工而去。"宁和明白人吵架，不和糊涂人说话"就是这个理。木匠的好名声，在很大程度上，是在多年的随人就缘、平静无事状态下积累起来的。公开对抗雇主的意志和决定，绝不会产生良好的效果，也是非常不明智的做法，"此处不留爷，自有留爷处"，不适合认定了做木匠职业的人。

行业陋习——臭说人

　　木匠们在与雇主和以后可能是雇主的人交往中，表现得谦和随顺、知情达理，在对待同行人时，却常是唯我独尊、不可冒犯。同行是木匠施业中直接或间接共事的人，搭作散作是常有的事。木匠搭作，有几种情况。帮作只是其中一种，互相间尚能生出忆念或感激之情。有时遇到大活或急活，自己人少，也要请人来临时帮忙，请的多是平日里关系较好的，至少是自己认为还行的人。也有由雇主直接把几拨木匠聚拢在一起的情况，若用的人少时，雇主多能征询一下头拨木匠的意见，问一问再找谁合适，若用的人多，或者合适人来不了，那就只能随遇拼凑了。这种情况，木匠也无所谓，干的是活，挣得是钱，和谁搭作并不重要，只是心里不痛快而已。

　　木匠临时搭作在一起时，互相谦让，待人以礼，客客气气，看着一团和气，其实各自都存有戒备心。手艺人大都头脑机敏，说话伶牙俐齿，当面指斥人时，尚能顾碍情面，指东说西，指桑骂槐，或者借题发挥，含沙射影，若背后贬损人时，言辞犀利，毫无顾忌，几近刻薄。当面客气，互不冒犯，为的是和气生财，顺利地把活干完，工钱挣到手，然后散作，各奔东西。有的人不等走到家，闲言烂语即起，刚才的一团和气，此时飞到了九霄云外。这种搭作不过是权宜之计，互相利用罢了。

　　木匠中有不少人喜欢臭说人，三句话不离本行，把同行人的事当做聊天的内容，当着张三说李四，当着李四说张三，若当着行外人，把张三李四都说到。说某人手艺不错，但脾气暴躁；说某人脾气虽好，但脑子很笨；说某人干活慢，耗工太多；说某人干活快，但质量太糙；说某人犯糊涂锯短了大柁料；说某人逞英雄锛子砍了脚；等等。然后数说自己的英雄事迹，如何解决施工难题得到雇主夸奖，如何又快又好地完成工作受到人们称赞，诸如此类。几乎所有同行都在他之下，唯他出类拔萃、艺压群匠。

　　"艺人相轻"，是技艺行业一个普遍说法。木匠这个手艺人群，自然也不例外。互不服气，互相挑剔，甚至背后臭说人、揭人短，借以制造舆论、贬低别人、抬高自己。造成这种相轻的原因，很大程度上是由于雇佣市场的竞争机制，但根本原因在于人的认识水平。酒香不怕巷子深。行业内少有大家公认的好木匠，能被认可某一方面还行的，已经是不错的了。但乡民对谁优谁劣另有分说。优也好，劣也罢，谁也没有退出这个职业，都在干着。施业市场的竞争，一方面促使人努力提高技艺，稳定自己的一片天地，另一方面也造成有些人的晦暗心理和歪风陋习。

不良的竞争

为争得雇主，有活可做，撬活儿、儳活儿的事屡见不鲜。雇主本已约了张木匠，但李木匠偏能把雇主说动，不再专等老张，最终把活儿撬过来自己干。前边说过，正常情况下，谁干了前期的活儿，谁还接着干后续的活儿，但后续活儿常被人儳走。明知活儿是被人儳走的，也无奈其何。怨雇主吗？雇主有选择的权力，想雇谁就雇谁。怨儳活儿的人吗？怨也没用。最好是谁也别怨，今天你儳我，毫不客气，明天我儳你，心安理得。但一旦临时搭作，凑到一处时，依然老张老李，和气一团。这样的事，当面较不得真儿，只是心里的劲儿。

撬活儿、儳活儿的人，大多是手艺平常的人。被撬被儳的也多是他们。雇主少，活儿少，不得不如此。手艺好、群众口碑好的木匠，不仅活儿多，雇主对他也信服，轻易不会跑活儿。即使跑个一份半份的，也无所谓，不在乎。所以也很少说同行的不是，撬别人的活儿。

前程不美，生活不富

木匠从三年学徒开始，到出师后帮作（满师后继续留在师作，实质上仍属帮作），再到真正成熟成名，独立施业，前后需要七、八年乃至十年或更长的时间，其间所经历的坎坷艰难，耗费的心血年华，让其本人铭记在心。每个木匠都有许多自己的故事。说起往事，常是酸甜苦辣，百感交集，但最终都为修成正果感到欣慰自豪，为最终享受到人们的敬重和物质优待而得意。

木匠的劳动收入，说不上可观，但比起一般卖死笨力气的壮工和只有简单技术的人，确要高出许多。不仅工钱高出一大截，而且还有工钱以外的实惠酒饭烟茶。按行业习惯，除每年为旧村政会出二、三个义工外，木匠不做人情工，即使是亲朋好友，也照常给付工钱，很少有拖欠工钱追债讨账的现象，所以没有额外的收入流失。只要长年有活儿干，就有稳定的收入。以实际得到的经济利益，维持一家人的生活还是稍有余资的，至少吃饱穿暖不成问题，这在旧时，已是同样家庭人口、同等劳动力、只有少量土地的普通农民，不容易达到的水平了。

在以工分计酬，工分值又很低的年代里，基层生产单位为了平衡这个差距，给所有小匠（木匠、石匠、瓦匠，以及鞍子匠、铁匠、补鞋匠等的总称）定出交钱买工分的制度，并伴随相应的惩罚措施。要求首当其冲的木匠，必须交出全部工钱，并规定了每月的出工天数。没有事假、伤病假，没有休息日、雨雪假，甚至打夜作也计入天数，最多时以每月的天数为准。那时一个木匠的工钱，相当于三个壮劳力的工分值。木匠深知自己的劳动价值，既要应付规定的交钱天数，又想落点剩余，真是想方设法到了千方百计的地步。

尽管木匠的实际收入高于一般人，但木匠们还是经常叹息技艺行业流传的一句格言——"艺人不富"。叹息劳作的艰辛，叹息生活的艰苦，遗憾又无奈。

木匠心中的"富"是什么样子呢？他自己也说不清楚。既没有具体的金钱数字，也没有确切的财产标准，只知道十分辛苦的劳作和每天的收入，与富人相比，"人家每天都在享福"，而自己每天都在受累。

艺人不是愚笨的人群，凭他们的心智和勤劳，为什么"不富"呢？各行业自有苦衷。就木业而言，木匠出售手艺，按工日计酬，当是主要原因。做一天工得一天薪，工钱只够维持稍微体面一点的生活，没有太多的剩余去购置产业，扩大财富，逐渐发达。手艺好，干活速度快，为雇主省几个工钱，只能赢得雇主的赞誉，提高知名度。名声好，雇主多，活茬儿多，不至于停工歇业，但绝不会有额外的收入增加。

"铁匠哼一哼，顶木匠半个工"。铁匠施业，利润含在每件产品中。多出力，"哼一哼"，多打造一件产品，利润就多一点。而木匠不论怎样多出力，也不能多记工日，多收入。他们只能珍惜每一个工作日，不歇工，顶风冒雨，甚至不顾小灾小病，坚持每天都去干活，用不损失收入的方法，达到多收入的目的。歇工，就意味着损失。然而，一年三百六十五天，日出日落，即使一天不歇，又能如何！

只专不副（指副业），不可能富起来。长年外出干活，每天早出晚归，既卖体力又费脑力，回到家里只想休息。有时回到家里，也要在心里过滤一遍今天的关键操作，检查是否有纰漏，并为明天的工作做出预想，不能安心休息。他们没有更多的时间和精力去关注其他什么，改善一下自己。他们从事了这个职业，已习惯了这种生活。今天已经安排好了明天的工作，也安排好明天的收入——做工，按日计酬。对行业外的事情，隔行如隔山，不会经营。只能安于本业，苦心支撑自己熟悉的小天地。他们满足于当个"师傅"，没有到"外面"闯一闯，当个老板的欲望。

再者，这个行当本身，就没有美好的前景，古来如此。木匠干活，人们看到的，不过是技术操作，看不到蕴含的脑力和心智。虽然有人能解决很大的技术难题，甚至发明创造，得到的不过是一个好字——好木匠。一个好字，就是对他的最高封赏，涵盖了一切，但他不会因这个好字而晋升到什么，待遇优厚多少。技能再高，职称只有一个——木匠。没有升值的先例，包括祖师鲁班。想富，想发达，只有放弃这个职业。

现在，许多年轻人不愿从事木匠职业，很大原因就是来钱太慢，用有限的时光换取有限的工薪，不能骤富，而且没有前途。

一个木匠的年轮

　　普通人的一生，从儿时到老年，各年龄段各有特点，人到中年，最大的特点，莫过于对周围的一切失去了新鲜感。一个普通的乡村木匠，已经习惯了他的生活，每天日出而作，日落而归，重复地做着已经做过许多次的木匠活儿。他劳作的目的，好像只是为了养家糊口，培养孩子们长大成人。他年轻时也曾有过激情和冲动，在受到旧当权者的敲诈勒索、捆绑吊打时，愤而怒骂；在同胞的启发和鼓励下，用磨洋工的办法，应付外族入侵者的奴役，一天只刨出一小堆刨花；在烽火岁月里，他分得了土地和房屋，扬眉吐气，并真心地回报给他带来新生活的人们，成为"前方担架队"队员，与战斗员一起行动在前沿，敌人的枪弹打在脚边地里，"噗噗"地冒起土泡儿；在矿山工作中，有所发明创造，提高了生产效率，但却没有得到已经许诺的奖励。当一切都平静下来，他已进入中年，以前的一切都已成为过去。他不过是人群中的一个分子，一个不重要的分子，一个靠耍手艺谋生的人，他只是一个木匠。当他坐在雇主的饭桌旁，谈笑着呷吮杯中酒时，颇有些志得意满，而当他依靠着木垛，双手垫在脑后，凝望着深邃的天空小歇时，神色中流露出无限的迷茫和惆怅。

　　他重复着前辈木匠走过的路，为新离师的年轻人提供帮作的机会，也照样带徒弟，但新的时代，已没了旧时的过场，徒弟不再磕头认师，甚至没有行鞠躬礼，师傅不再满吃徒弟的工钱，只适当扣取些工具费。好在一个木匠不算木匠，他只当是为了施业方便找一个干活时的帮手。帮作的也好，徒弟也罢，都像石板上炒的豆子，熟一个蹦走一个。他时常一个人单干。木匠们都是这样，在不断的离离合合中度过一生。

　　除非父子班，才是铁作。人到中年，儿子们逐个长成。他没有其他奢望，只想把自己的手艺传给孩子们。操作时手把手地教，把前辈制作的实物指给他们看，把没有机会实践的技术和无形的知识讲给他们听。待儿子们都相继学成，他终于松了一口气。这是一个铁作，不散的铁作。但他已人过中年，向老年跨进了。

　　他不知老。靠了儿子们的年轻力壮，他可以在作中干些体力较轻的活儿，继续在木匠堆里显示自己的技能。他不愿意放弃他熟悉的生活，闲待着。直到实在感到干活吃力时才不情愿地留在家里，不无遗憾地看着儿子们结伴而去。但是，只要心有所想，他仍要到儿子们干活的场地去，为雇主当一个义务员，或把一些突然忆起的技艺继续传授给接班人。

　　每当完成了一件作品，木匠总要站在它面前，着意地欣赏它，就像农夫欣赏自己秋天的收获。他为它的成功而喜悦，为世间又多了一件自己的作品而欣慰。这时，像孩子一样的纯真笑容漾在脸上，快乐发自他的心底。这种快乐因没有人能与他分享，于是瞬间之后，又被埋回了心底。木匠的心底埋藏了许多这样的快乐，当他老态龙钟，步履蹒跚地在自家院子闲步时，仍遥望着远处的村庄，忆想着那些作品，翻阅出那些欢乐。那是他一生的功绩！木匠对自己的一生，没有反省，没有总结，只有回忆。回忆磕头认师，回忆学徒生活，那是他生活的转折；回忆平淡一生中的许多亮点，但回忆最多的，甚至在最后的日子里，回忆的仍是过去的劳动场景和留在人间的劳动成果。

木匠们以匠人的心智，灵巧的双手，辛勤的汗水，为人类的生活作出了巨大的贡献。他们一代又一代地前承后继，随着人类的延续而延续。直到那一天，这人，连同他心底的欢乐，一起悄然逝去。

后　话

过去，根本没有像现在这样多的金属和化学建材，房屋建筑和用具的制作，必然以木材为主要原料，人们利用一切可以利用的木料，雇请木匠来家里打做各种必需物。

科学技术和工业的高度发展，使木材不再是打做器物的主要材料。物美价廉的木制成品销售，也使人们犯不上费心、费事自备木料，雇请木匠。终于，大批的木匠失去了上门服务的业务和机会，自动结束了卖艺生涯。只有极少数人还在艰难地维持着传统的劳作方式，随着岁月的流逝，这些人又会是怎样的前景呢？

第二章　木匠工具

木匠工具有几十种，除各种规格的凿子外，主要的有二十八种，说是对应着天上的二十八星宿。应该说，作为以农村大木作为主业的木匠，要想顺利地完成工作，这二十八种工具是必须具备的。还有一些属辅助工具，哪些是辅助工具，说法不一，大约为某种工具服务的应属辅助工具。如料拨、钢锉等。磨刀石虽是必用的，但不在工具之列。

木匠工具有的是纯木制成，有的由木制和铁器两部分组合而成，少量的是纯铁器。木制的都是由木匠自己制作，能否制作工具，也是一个木匠学徒是否学成手艺的一个标志。木匠花钱买木制的工具，是非常可笑的事。

由于加工制作的器物种类多、内容杂，需要配置各种专用工具。但太多太重的工具，必然会给长年流动、频繁搬作（zūo）的木匠带来麻烦。所以，对工具的质量力求达到功能齐全、得心应手，既轻便又结实耐用，而且还要美观秀气。一件工具尽可能具备多种功用，绝不可二件工具同具一种功能。工欲善其事，必先利其器，工具的优劣，能反映出一个木匠的心智灵巧程度。

木匠们非常爱护工具。收工时和搬作前总要认真检查，防止遗失。工具有了毛病，随时维修，绝不凑合。容易损坏的，常备有双份。尤其禁忌他人使用自己的工具，其中包括内行人。不是小气，怕的是生手不熟悉工具脾性，万一损坏了，当时就没得用，耽误干活，影响雇主利益。

由于专业特点和地区习惯的不同，在工具种类和使用方法上不尽相同，但大体上相差不多。下面对各种工具的性能，使用方法以及相关的事，逐一做简单介绍。

1. 大锯（亢金龙）（图2-1）

大锯是木匠锯中最长大的锯，由锯条、锯鋬、锯拐、锯梁、缥绳和缥棍组装而成。以前，把粗大圆木破成板材，必须使用人工大锯。

锯条长四尺三寸，两端由锯鋬固定。锯齿从锯条中间向两侧分开，齿尖朝向两边（正中齿一分为二成两个小齿）（如图2-2）。

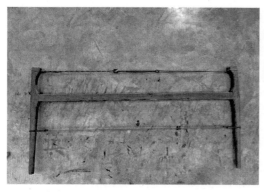

图2-1　大锯

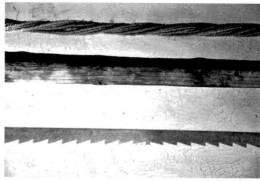

图2-2　锯齿

以前，锯条是由铁匠用铁条手工打制成片，再由木匠在锯片上画出齿距，或五分、或六分、或七分，最大八分齿，根据个人心气而定。用剁子剁出锯齿，再用钢锉锉锋利，拨出料口，最后固定锯錾，就可用了。这种锯条叫"柴条"。

后来市场上有了机制成品锯条，被叫做"洋条"或"广条"。"柴条"厚笨，又要自己开齿，很麻烦，很快就被"广条"取代了。

锯拐承受横向力，要用结实的硬木制作，长二尺五寸。手把握的部分要尽量瘦削，以不胀手为最佳。

锯梁最好用杉木，重量轻而且硬挺。

早先的锯缥，是用苇秆粗的麻绳，在两锯拐间绕五、六圈，再用二根缥棍反方向拧紧绷劲后，分别别在锯梁的两个梁面上。后来有了铁制松紧器，拴一根粗铁丝，代替了麻绳和缥棍。

锯錾套装在锯拐上，锯片垂直于整个大锯面，锯条与锯梁之间的距离叫"锯量"，是最大锯割宽度。根据需要可进行调整，"放量"或"收量"。

有时木头直径很大，用小锯锯不透截不断时，可把大锯拆开，只使用锯条，二人拉，当截锯用，木匠叫"拉软条"。拉软条要掌握好力度，把锯条绷直，使软条尽量成为硬条，拉起来很费力。

拉大锯前，要先把木头固定。要根据木头的长短粗细和就近的地形地物，选择固定法。

木头较短，可用绳子把木头立着靠绑在树干上，用两根小椽粗细的木棍——别棍，分别顺着木头与树干之间的空隙，插进绑绳，再分别压下来，使绑绳绷紧木头。另用一根绳子挽成套子，同时套挂在两别棍外头儿上，绳套下边坠压上重物。这样固定的木头，很牢固，不会因大锯来回拉拽而摇晃（如图2-3）。

木头七、八尺长，平地立起来很高，可就地挖一个大约一尺半深的坑，（太浅木

图2-3　木头固定捆绑法

头立不稳，太深往出拔木头太费力），坑的直径略大于木头的直径。然后把木头竖立在坑里，用石块由坑底到坑沿分两层把木头四面卡牢。坑的深度等于减短了木头的长度，但木头立着仍然很高，再在木头上捆上脚手板。人踩着脚手板，能够到木头的顶部，也起到重物坠压作用，使木头受力不摇动。正常情况下，随着锯割高度的向下延展，每锯一尺五寸左右，就要降低一次脚手板，不然哈腰太深拉锯费力。到离地面半人高时，可拆除脚手板。锯口越来越低，还可坐在地上继续往下拉，直到接近地面时为止。然后把木头从坑里拔出，掉个头再栽进坑里，如前法操作。此方法适合用二人之力可以立起和拔出的木头（如图2-4）。

更长的木头，可采用斜立的方法。木匠叫"拉怯楞"。"怯"应是斜的变音。木头直立，拉锯省力。"怯"音用在这里，很有深意，有笨拙的意思。木匠直接站在斜着的圆木上，既要掌握自身平衡，又要拉动大锯，用的不是一种劲儿。

图2-4　木头固定栽立法

"拉怯楞"，要用两根如房檩粗细的木头——叉脚木，与将要锯开的木料并排放在一起，一边一根比齐料头。用绳子走"8"字形把夹在中间的木料绊绕在两叉脚木上，然后把二叉脚木的另一头适当叉开，抬起木料的另一头，另用一根短木，架垫在叉脚与木料之间，沿着叉脚向里推进，使木料的一头逐渐升高，到适合拉锯的高度为止。支好的"怯楞"，就像人坐在地上叉开双腿，又像扬起炮口的大炮（如图2-5）。

图2-5　木头固定"拉怯楞"法（模拟）

为防止短木自滑，可用绳子捆在短木两端上，并拴绑在"炮尾"上。一个人走上斜着的"炮身"，一个人站在地上"炮口"下，就可以拉锯了。站在上面的人，脚容易顺着斜木向下出溜，可用绳子在木料上缠绕几圈，权当防滑链，脚踩着"防滑链"，身体平稳，拉锯也用得上劲了。拉怯楞，主要靠下边人运锯吃活儿。

如果木料很粗又较长，直径超过二尺或更粗，沉重不易搬动，用上述方法都不方便，可用"拉压杆"的方法（如图2-6）。

图2-6　木头固定"压杆"法（模拟）

将木头立起支稳。木头直径大，接地面积也大，能独立站着。登高把一支凿子，躲开锯口线，钉进上截面。不可钉得太浅，太浅容易被拔出，也不能钉的太深，取出时困难。把一根绳子挽成猪蹄扣，套在凿子上，用二根大椽般的木杠，分在凿子两旁，插进绳扣，然后抽紧绳扣并系牢；与锯口线横向分开并压下二木杠，杠下各支一硬物（躲开锯口线）在截面上，支起的高度要超过大锯条的宽度。木杠悬着的一头各拴上绳套垂下，坠压重物。这样就可以保证大木上部能承受一定的拉拽力而不摇动。顺锯口线方向，一边一块脚手板，拴好后，两木匠一边一个踩在木板上，起对着顶压，固定木身的作用。

如果木头附近有高台或墙头可以利用，只用一根长些的压杆也行。"拉压杆"常采用"扒皮术"，粗大沉重的木头被扒掉一块，就轻了许多。到木头被扒得方便挪动时，可以再改用其他方法。拉压杆，木头不掉头，要一锯到底，但不可立刻锯透，也不可连着太多。连多了，须用大力掰开木板，沉重的木板掰开倒下时力度很大，容易伤人。最好是先用绳子把准备掰开的木板虚松地捆拢在原木上，然后掰开，并两个人扶着把木板放倒。不要怕麻烦。

如果木头又长又粗，搬挪树立都不方便，就只好原地平着拉锯了。平着拉锯，横向用力，最费力气。是实在没有办法时才用的办法。

拉大锯，看似简单，其中有很多技巧。绑木头和捆绑脚手板的绳扣，绑法多样，且基本都是活扣，解时方便；又要互相缠压，防止自脱造成危险事故。有的木匠运锯，喜欢大幅度上下起伏，锯条走动起来切割的截面虽然小些，但全身运动量大，人易疲劳，不耐久。较轻快的运锯法，应是锯面接近水平，稍有起伏，即所谓"平锯"。

把大锯从锯缝里拿出来叫"摘锯"。木头高，锯缝低时，摘锯困难。一道墨线锯罢，二人知会一声，一人"把拿"住锯，另一人把锯顺锯口向上一扔，借着对方向上扔的力，拿锯人轻松把锯摘出。既省力又显艺。坐着拉锯，站起时，两人可凭借着大锯，互相同时把对方拉起，不用扶地，既快又不脏手。

"木不连丝"，是说木头只要有很少一点没有锯透，都不会断开，尤其横截时。所以木匠伐树时特别注意这一点。锯树不透，树不倒，或者倒下时偏离设计方向，容易出危险。

木匠拉大锯，却利用了"木不连丝"的特性。木头掉头后，大锯沿着墨线就要与下边的锯缝对口时，总要留下一点点，锯到似透又不透即可，到放倒木头时，用力一推，木头碰在地上，自动就摔开了。当时就锯透，木头少了锯缝的厚度，绑绳就会松动，木头也随着活动。有时锯通的锯缝紧合后，会把锯片夹住。摘不出锯，需放松绑绳，摘锯后重新再绑，很麻烦。

拉大锯的二人，一定要相互配合，要以我为主地去适应对方拉锯的手劲，一个真正的木匠，能适应任何人的手劲，与任何人都能合作。包括从没摸过大锯的人。这需要顽强的耐心和沉稳的涵养。一时不顺即情绪急躁，埋怨他人，甚至恶言相加，摔锯而去，不是一个"师傅"的作为。

以前曾有过专门的大锯匠，从事把原料破成板材的工作。

还有一种大锯，构造和齿牙朝向等都与常规大锯相同，只有锯条略短些。木匠们叫它"小大锯"，是专门用来破开介于大料和小料之间的中等木料的。使用时比大锯轻便。但作为工具，性能与大锯重复，就显得不必要了。所以只有以前专门的大锯匠和现在极个别的木匠才有这种锯。

2. 锛子（奎木狼）（图2-7）

锛子由锛砧子、锛把、锛头、锛箍和锛楔组装而成。

木匠们把砧发音为"展"，叫锛展子。果树嫁接，把接穗接在砧木上。锛子的零部件都组装在锛砧子上。

图2-7　锛子

锛头与锛砧子的结合角度很重要，锛头的上面与锛砧子的水平中心线基本直平。锛头的空仓不是很规则，组装时要经过仔细比量才能最后确定，不然会影响使用效果。

锛把长二尺八寸，宽一寸二分，厚七分，与锛砧子成直角。结合部有一暗榫在空仓内，锛把对应处有卯。组装时，把锛把插进空仓内，卯对正暗榫并前推，再把锛把前推后留下的空仓用木头锛楔卡牢。空仓内暗榫与锛把卯的结合，等于把锛把钩挂住，可以保证在大力的抢砍中不飞脱。

两个锛箍的作用是箍住锛砧子，箍在空仓前后，防止长期使用砧木开裂。同时也增加锛砧子的重量，增强锛砍力度。

用锛子锛砍，木匠叫"抄"。把木头锛平，木匠叫做"抄平"。木匠们有许多职业专用词语，专指施业中的某种事或某种物。钞平的含义就是找平，加工平，但用斧子砍平，用刨子刨平等都有找平、加工平的含义，说抄平专指用锛子找平，不会与刨平、砍平相混淆。

锛子的使用讲究熟练、准确，熟练了运用自如，"左右开弓"，准确无误，抄过的木面很平，用刨子再刨光就行了。

用锛子时，很多情况下要用脚踩着木料，防止木料滚动或移动。脚踩时要注意安全，即是多年的木匠，也不可一时掉以轻心。

踩木料，既不可踩得太死，也不可踩不住，实际上是用脚扶着木料。踩木料的脚，前面要稍微跷起，用鞋底挡住锛刃。所以木匠的鞋底上常有不少锛子造成的破痕。

锛砍木料，最忌"垫砟儿"。砍活的木碴片不可留在木料上，要随时除掉。不然活木片垫在锛子底面，会造成锛子窜飘起来，伤人下肢。

"软凿硬斧皮拉锛"，说的是这几种工具的刃子硬度，即俗话说的"钢口"。凿子在使用中要来回摇动和扳动，凿身和凿刃要"软"些，钢口太硬容易在扳摇中扳断凿刃和凿身。斧子的刃子处较厚，不像凿刃娇嫩，有时要砍削较硬的木疙子，钢口软了，常常卷刃，不是好斧子。锛子的钢口，介于软凿和硬斧之间，既不能软，也不能硬，"皮拉"最好。当然，所谓软凿也不是软得卷刃，硬斧硬的太脆，禁不住硌碰，都是相对比较而言。

锛刃儿钝了，把锛楔退下，卸下锛把，手握锛砧子，在磨石上磨快锛刃儿。有人图省事，直接磕打下锛头磨刃儿，这样做很容易损伤结合部，造成结合不牢，锛头在使用中自己脱飞，非常不安全。

曾在河南省焦作市附近乡村，见过一种小型锛子，用一只手使用，用来砍削由另一只手扶立着的小木料。

3. 锯

框锯，由锯条、锯拐、锯梁、锯缥和锯钮组成（如图2-8）。

按照锯条的长度、宽度、形状以及锯齿的大小和坡度，分为多种规格。木匠用的锯，按用途分为截锯、筛锯、沙（读去声）锯、挖锯和搂锯。

木匠的锯都是"直齿"，即锯齿的立边与锯片成直角。

锯钮与锯梁之间的距离称为锯量，是锯割木料的最大宽度。超过这个限度，木料就会顶扛锯梁。平时，锯条与整体锯面呈约50°斜角。松开锯缥，扭动锯钮，可以调整这个斜度，从而少量调整锯量。

锯拐的长度按锯条的长短决定，锯条长锯拐长，厚度除截锯稍厚些，其他锯一般都在七分左右，适合手握。锯钮的圆帽头最好"卧"进锯拐，握锯时圆润舒适。

锯缥有二种，可用细绳缠绕两锯拐上，配一根缥棍，拧紧绳子，把锯条绷直。也可用元宝螺丝松

图2-8 截锯、筛锯、腕子锯

紧器，效果一样。但锯绳容易老化绷断，需常常更换。

（1）截锯（角木蛟）

顾名思义，是用来截断直径较大的木料的锯。用时要两个人拉，伐树和做大木架时必用，有时拉大锯前也用它截取木段：锯条长度选在80～85厘米为好，锯齿为三分齿较佳。锯量七寸，这样加上半个锯条的宽度，可从两面锯透直径一尺五寸的木料。

（2）筛锯（张月鹿）

锯条的长度一般在70厘米。锯齿可用二分齿和一分半齿两种。筛锯是木匠使用较多的一种锯，一个木匠单干时也常常带两张锯齿不同的筛锯，用来对付不同厚度的木料。

木匠称锯的量词为"张"。如"一张大锯""两张筛锯"。对短小的锯用"把"，如"这把沙锯""那把搂锯"。筛锯的"筛"字，是一个行业专用字，即可与锯字配成名词，也可与锯字配成动词，大概是形容拉锯的动作像碾磨粮食手工筛面一样，区别只在，从前在笸箩里手把着箩筛，沿着筛面棍来回筛动是水平方向，木匠筛锯是上下斜着走动。

一般情况下，筛锯是一个人使用，遇到木料较厚或直径较粗时，也可两个人拉锯。一人拉上锯，一人拉下锯。齿尖朝下的一方为下锯。

"低头刨子抬头锯"，是说，弹好墨线的木料，要前高后低斜着架放，锯起来才能又快又省力，而需要刨刮的木料正相反，要前低后高摆放，才方便加工。

一个人筛锯时，大多是用脚踩着木料，从前头开锯口，然后顺着墨线向后退着走锯，一上一下，只在这时，才有"筛"的形象。也有人，开出锯口后，转过身来，变向后走锯为向前走锯，各使家艺，速度也不慢。

两个人锯较厚的木料时，木料的两面都弹有墨线，为的是破出的小料方正平直。一个人也可锯较厚的木料，利用木料两面的墨线，经常把木料翻个过，随时纠正可能的"跑线儿"，也能锯出方正平直的小料。

一个人筛锯，上下走锯必须与木料垂直，不然锯出的小料楞面偏斜，不仅伤料，也给下一步刨刮带来不便。还有，锯口有时偏离墨线，木匠叫"跑线""跑锯"或"溜锯"。如果跑了线，尤其是由两端向中间交汇的锯法，对不上锯口，木料一破两开，两块小料都会出现坷坎，既伤料又不利刨刮。

轻微的跑锯，可能是掌锯的手法有毛病，可用"搊梁"或"压梁"，即时纠正，向左跑锯，向上搊锯梁，向右跑锯，向下压锯梁，坚持着走一段锯线，直到锯口回到正线上，再放正锯身继续往下锯。此理，大锯、小锯都一样。

如果跑线太多，而且用搊压梁的方法纠正不过来，就要检查锯"料"了。"料"是"料口"的简称。

什么是料口？锯齿在锯条上厚度一样，锯出的锯缝宽度也一样，锯缝两壁与锯片紧贴着，产生的锯末和木毛裹夹其间，摩擦力大，锯条很难运行。于是，木匠将锯齿尖有规则地向两边掰歪些，这样，齿尖的总厚度和锯出的锯缝宽度，都超过了锯片的厚度，使锯条运行时有宽松的通道，减小了摩擦力，锯末也不再滞留在锯缝中。

"料口"，就是指掰歪的锯齿在木料上锯割出的口缝宽度，对应在锯上，即是数排齿刃的总宽度。

掰歪锯齿叫"拨料""掰料"。拨料的工具叫"料拨子"，儿化音叫"料拨儿"，也有人叫它"料掰子"（如图2-9）。

图2-9　料拨子

工具很简单，在一小块铁板上开几个宽窄深浅不同的豁缝，用来对应薄厚和大小不同的锯齿。有的木匠干脆就在刨刀的后端开几个豁缝，代替专门的料拨子。

"料"论路，有二路料和三路料两种。二路料既"人字料"，齿尖呈左一右一顺序排列。三路料又分两种，最常用的是"左一右一正一"，即向左一齿，向右一齿，保持不动一齿，三齿一组，顺序延续。另外一种"左一正一右一正一"的料法，多用在齿牙细小的锯条上。

料的大小，木匠们没有准确的理论数据，一般根据锯片的厚度而定，大约总要有厚度的一倍。根据木料的种类和软硬干湿程度，可以随时调整锯料，"干榆湿柳，下锯难走"。干榆木尚好对付，可边锯边往锯缝中灌水，降低干硬度。横截湿柳木最难，尤其过了冬季树木返青后，锯缝内倒满树毛子，料口再大也常把锯片夹住。

拨料要使整路料对称整齐，排列均匀。料不齐或左右不对称，就会出现跑锯现象，向左跑就说明左边料大，或者右边料小，要调整拨正。整排中的三几个齿不齐，即可造成跑锯，所以要认真拨料。

锯齿尖钝了，也是跑锯的一个原因，而且费力不出活儿。和用刀一样，刀刃不快，切东西费劲，还容易打滑跑偏。用眼一看，现出白尖，就是锯齿钝了。用钢锉把锯齿锉磨锋利，木匠叫"发锯"，产生锋利之意，磨刀不误砍柴工，锯钝了，必须"发"，凑合不得。

发锯时，将一木桩钉进地里，地上高度适当（大约半尺）。在木桩上端锯一个半锯条宽度深的锯口，将锯条卡进锯口。锯条被卡着，不致发软扭拧。也可坐在矮凳上，用脚踩着锯梁，把锯条依靠在小腿上，一手捏着锯片，一手用锉。

三角钢锉三条楞，适合发宜齿锯。发锯不能只锉齿尖，要把整齿都随着齿尖锉下，保持原来的齿形。尤其是相邻的两齿的夹角——齿根，一定要锉到位，带出锯末靠的就是这个夹角。

三角锉主要用三条楞，选购时以锉棱尖瘦的为好，木匠称其为"口薄"。锉的规格很多，要对照锯齿选用，齿大用大锉，齿小用小锉。

过去，钢锉由专门剁锉的铁匠手工制作。如今机制锉随处都可以买到，铁匠剁锉的手艺当然也没了用处。

发过的锯齿要一样高，用眼一瞄，齿尖都在一个平面上。若有个别齿高出，木匠叫它"冷齿"，冷不丁高出一齿的意思，锯条运行时会产生跳动。个别低齿，影响不大。

有的人用锯习惯用中间一段，造成锯条中段磨损较多，发锯时中段被锉磨也多，时间久了，锯条呈内弧形，影响使用。要养成拉通锯的习惯，让整条锯都发挥它的效用。发锯时要有意地把端边部分多找补几下，以随合中间部分，使整条锯保持平直。

树长在地上，伐倒后作木料，根部常夹裹着泥土碎石；使用过的旧木料，常隐藏有折断的铁钉，一锯下去，喀啦一声，锯齿尖光秃。

吃一堑，长一智，木匠都养成一个习惯，下锯前检查一下是否有杂物妨碍，如有发现，先予剔除。至于深藏在木心中的杂物，碰上时又当别论。

（3）沙锯（虚日鼠）

沙（shà）锯又称腕子剧。锯条长40厘米，是同锯型中最小的锯，所以也叫"小沙锯"。方言，虫吃为沙，细细啃咬的意思。

沙锯齿小，不足一分，锯片也薄，锯出的茬口细整准确，主要用于做细工活儿。

沙锯只用一个锯钮儿，不为扭动，只为手握锯得力方便。它的锯缥也多是固定的，一次拧紧后，不再现用现紧，用后放松。

图2-10 挖锯

（4）挖锯（翼火蛇）（如图2-10）

挖锯是窄条锯，也叫"挖条子"。木匠们常备有二种：大挖条和小挖条。大挖锯的规格尺寸与筛锯相同，只是锯条窄，约五分宽，木匠们常把用窄的筛锯改造成大挖条。把较厚的木料锯出弧形要用大挖条。

小挖条长45厘米就够用了，因锯条只有二分宽，太长了，使用时会发生拧绳现象，易跑锯。

窄条锯专门用于挖弧形木活儿，根据木活的大小，材料的薄厚，分别选用大、小挖锯。锯内圆时，先在内圆线近旁处，或钻或凿一个能穿过窄条锯的透孔，把挖锯拆卸开，锯条穿过透孔，再把锯组装起来，调整好锯条角度，就可以沿弧线锯割了。为了拆卸方便，尤其是小挖锯，拆卸的机会更多些，连接锯钮和锯片的穿钉（半截铁钉）余头，最好直着，不必弯倒。筛锯等的穿钉余头都要弯倒，并且要锉磨钝滑，防止碰划伤手。

（5）搂锯（娄金狗）（如图2-11）

图2-11 搂锯

搂锯的握把儿造型像小狗卷着的尾巴，不过狗尾巴是向上卷，锯把儿是向下卷。做成这种形状一是为便于把握，同时不失美观。

制作搂锯的锯条截自筛锯条。木匠家里都有几根闲废的锯条。二寸即可，锯齿不大于一分半为好。齿尖朝怀内方向，使用时用"回搂"力，锯片嵌进锯头，用铆钉铆住。

在粘合的宽板面上穿插木带要先开斜槽（燕尾槽），必须用搂锯。较宽的构件结合不严，也可用搂锯"沙一沙"。

（6）搜弓子（如图2-12）

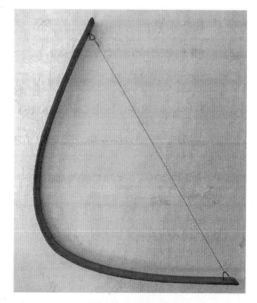

图2-12　搜弓子

搜弓子也属锯族，也叫铁丝锯、钢丝锯、细丝锯。

锯弓子是一条一寸多宽的、耐弯曲、有弹性的竹片，长短根据钢丝决定。竹片两端内一寸处有孔，各穿进一枚铁钉，并把钉尖弯回成钩，钉帽在外，起锯钮的作用。

钢丝两端绕结成小圈套，把竹片折弯成弓形，把钢丝套分别挂在竹片两端的钉钩上，放松竹片，竹片的回弹力绷直了钢丝。利用钢丝上的细小齿牙，可随意在木板内心转弯锯割，不受锯条宽度的限制，完成窄条锯功能不及的工作。

过去，钢丝上的齿牙都是木匠自己用刨刀刃铲剁出来的，用力小了不起刺（齿小如刺），用力大了又能把钢丝铲断。如今，钢丝锯条早已货有成品，自铲已成历史。

4. 墨斗、画签、尺子

笔墨纸砚是文人的文房四宝。墨斗、手尺子、画签、弯尺，可算是木匠的作坊四友。它们结成班组，常相伴随。木匠用到墨斗时，习惯地将其他三件一起拿在手里。

（1）墨斗（昂日鸡）（如图2-13）

墨斗由斗身、线轮、摇把、线钩和线绳组成。

木制斗身上凿有墨池和线轮仓。池与仓之

图2-13　墨斗、画签

间的隔壁上有孔，与墨池外壁上的孔水平相对，线绳由二孔中穿过，拴在线轮的一个铁柱上。为了美观艺术，多把斗身后半部做成"蚂蚁头"，因形似蚂蚁腰身而得名。整个墨斗的形象又有些像古时官人穿的鞋子，又得了个外号叫"蚂蚁鞋"。其他样式的也有，但不多。

墨斗专用的墨料叫"烟子"或"大烟子"。质地很轻而且蓬松，据说是松木燃烧后飘飞的灰末儿。把烟子装进墨池，轻轻砸实，用少量白酒洇浸后发生化学反应，质地变得稍硬。把一小团布片封盖其上，加适量水，硬烟子表层会溶成墨汁，轻翻布团，使布团吸裹上墨汁。弹线时，用画签算压在布团上，线绳由布团下穿擦而过，就成了墨绳。用握墨斗的手拇指根部压握线轮，可控制墨绳停放。

一斗烟子能用很长时间，三、五斗够用一年。烟子洇的墨汁色黑色润，在任何颜色的木料上做线都很清晰，而且耐久。自从市场有了现成墨汁以后，就很少用烟子而用墨汁了。但这种墨汁有一大缺点，沾附在线绳上，稍干，就使线绳发硬弹出的墨线发粗、不柔和。

弹摔墨线要用手把线绳垂直提起，然后弹下。不然弹出的墨线会出现弧度，准绳就不准了。

线轮，是用一对圆形薄铁板和四根铁柱连固而成。圆铁板中心孔略方，用来贯穿摇把，连接圆铁板的四根铁柱所形成的轮毂，用来拴线头和绕线。线轮转动时，会发出咯咯啦啦的响声。

摇把用粗铁丝弯成。插进线轮的一段，其中间部分用小锤敲成方楞并略带楔形，用以带动线轮，又不致脱滑退出。

线钩虽小，作用不小。据说是鲁班的母亲发明的。鲁班用墨斗弹线时，总要母亲帮助拉住线绳的另一头。后来老母把线头拴在一个小铁钩上，钩挂在木料的棱角上，解放了自己。于是，后人称这个线钩为"班母"。线钩很容易制作，用一小块铁片折成直角，把其中一面剪成梯形并且穿孔，还要锉圆滑，免得割磨穿拴的线绳。收回线绳时，有铁钩挡着，不致把绳头摇进线轮仓。木匠制作工具很多细小的工序，都有它的道理。

墨斗在使用过程中，离不开水，不断的干湿变化容易造成木体开裂。所以，制作墨斗的木头以楸木为好，尤以木丝盘结的疙瘩为最佳。制成半成品时，用食用油或机器油涂抹浸透，然后细加工制成。油浸后的木料不易开裂。还可用薄金属片剪成窄条把墨池外壁和隔壁箍上，防止开裂。

墨斗不仅用来弹摔墨线，画活时，用画签蘸戳布团上的墨液，可当砚台用，拉出一段线绳，掛卡在摇把的弯折处，垂下墨斗，手提线钩，就是一个成功的线坠，用来检测构件的垂直度。

（2）画签（壁水貂）（如图2-13）

画签儿用竹片做成。签身瘦长而扁平，长六寸左右上窄下宽。签刃儿成斜角形，宽约四五分。厚度适当，太厚蠢笨，太薄签身易弯曲变形。竹皮为正面，用刨子刨平。竹心为背面，略刨即可。签刃，用斧子砍削背面成坡刃，把砍出的粗刃剁去后角成斜角刀样，用斜刀子劈开竹刃成丝，用锤子轻砸，竹丝散开呈扇形，去掉砸出的碎丝，在磨刀石上把粗刃磨平直（主要磨背面），顺便把刃儿的前角磨秃（走笔流畅）就可蘸吸墨汁，画出细细的墨线了。用久了刃儿变厚，可再磨薄。刃儿用短了，吸不上墨汁，可如前法把竹丝劈长。

画签是木匠画活的笔，捏着应滑溜适手，笔身正面要平直，用它贴着角尺的外楞面，可画出悬空的直角线。这是木工铅笔不易做到的。

画签就如蘸水笔，常常蘸墨显得麻烦。但它经济耐用，制作简单，它的功用非他物能代替。如今，木匠做木架，仍离不开它。

（3）手尺子（星日马）（见图2-14）

图2-14　活尺、丁字尺、弯尺、手尺子

木匠用的尺子是竹板尺，木匠叫它手尺子。正规名称"营造尺"，据说是清朝工部制定的长度标准。营造，有建筑、建设制造之义。木匠是营造者，民间把营造尺直接叫"木匠尺"。在米尺和市尺使用之前，木匠尺是丈量标准。

手尺子，也是木匠自制的工具之一。选一段表皮一色，没有疤痕的厚竹桦，刨去背面的竹心，做成五分宽、一分厚、一尺多长的竹板，正面不可刨平，保留原竹的微鼓形，用刨刀刃儿立着刮去表面的竹釉。

竹尺的刻度线，是用妇女做针线活的锥子尖画刻的。

先在竹板上划一道通线（外棱向里二分），作为分刻线的截止线。如果比照旧尺，可用直角尺直接把刻度过渡到新尺上。做新尺，要先画后刻。把画签磨薄以保证分格的精确。先画定一尺长度，中分出半尺的刻线，把半尺五等分，画出寸的刻线，把寸中分后再五等份，就有了"分"。这种分法误差小。用旧尺检验各寸的误差后，就可用弯尺比着用锥尖画刻了。画刻时还可修正误差。最后截去一尺以外的余头。用细砂纸擦光划茬，把墨汁涂抹尺面，稍干即可洗去墨汁，而画痕则显出清晰的黑色刻线。

刻画新尺，可预制"步弓子"，就像圆规两脚尖尖。在"寸"中行步，一步一个点儿。弓子是"分"的标准，要精确。

营造尺的"分"与英尺的"分"单位相同。不知是清朝工部采用了英分，还是英分采用了清制分。八英分为一英寸，十二英寸为一英尺。一英尺中含九十六分。营造尺十分为一寸，十寸为一尺，内含一百分。营造尺比英尺长四分。

营造尺折合米尺317.5毫米。在实用中不与市尺折算。但应知市尺比营造尺长约五分。

乡村木匠大多文化低，许多人对营造尺的标准知之不详。各师门的尺多有差异。不同门的木匠在一起干活，要核对尺子，相差一分或更多是常有的事。一根桴料若长一丈四尺，就会有一寸多的误差。这也是"大木作，差一星半点不用说""差一寸，不用问"的缘由之一。

过去，客厅里讲究摆放八仙桌子。桌子四边可围坐八个人。桌面二尺八寸见方，桌高也是二尺八寸。桌面二尺六寸见方的叫小八仙桌，也叫小六仙。都是说的营造尺。改用其他尺度，就没了"八"和"六"的原味。

手尺子既是量具，也是画线作图的工具，除了木架活要用"伍尺"，其他活儿都用手尺子丈量。

"溜线"是用手尺子画线最多的一种方法，用左手中指或食指的指甲掐准所需尺度，以指甲盖及手指皮肉做靠墙，沿木料的棱边溜行，右手画签比靠尺头，即溜画出所需线条。

掐尺要准确，溜出的线才一致标准。

掐尺的手法有两种：手心向下及手心向上，各有优点，手心向下较顺手。手心向上稍显别扭，但可避免在溜线时遇到的木刺扎手，因手心向上完全是指甲盖做靠墙。

（4）伍尺（井木犴）

为什么木架活儿要用伍尺呢？首先，盖房用的木料多是长料，并且根数多，如五间房要用六架桴、十二根柱子、三十五条檩等等。三间房的长料数量总计也有三十多根。选料时各个都用手尺子一尺一尺地量，既麻烦又容易数错尺数。再者，木料都是伐树截成的原木，弯曲不直，用手尺子只能随木就弯而量，与实用直线有误差。使用伍尺，可跨过弯度，减少误差。

相对手尺子而言，伍尺是长尺。一杆五尺，二杆一丈，正是檩长。以前房桄大多一丈四尺长，也在第三杆之内。把十四尺减为三杆，有效地减少了工作量，避免了数错尺。

伍尺面上标有尺和寸的画线，没有"分"。

制作时，选不易变形的上好木料，加工成一寸宽七分厚的方楞，稍圆楞角，用纱布磨光细。墨线标出尺寸单位。有机会时，可涂刷底色和清漆。油漆干后，木尺暗红油亮，沉甸甸，光滑润手。

木匠工具多是白茬，很少油漆，只有伍尺特殊，大概是它能"辟邪"的缘故吧。（实际上是为了保护尺面墨线清晰）。

（5）曲尺（危月燕）（见图2-14）

曲尺，木匠称弯尺，是一种直角尺，以形得名。实用中，弯尺的内角和外角各有用途，附合一具多用的原则。

木弯尺由靠尺和尺苗组成。用料以中硬、细丝木为佳，耐磨、质轻、易粘接。苗尺又叫尺苗子。弯尺的大小，根据木匠的心意而定，总以一具多用为好。太大画小料（如窗棂）短线显得长笨，太小画长线时则不利于延长。而同时备一大一小两把弯尺会增加工具的数量，累赘。最佳弯尺以苗九（寸）靠七（寸）为宜。靠尺六、八分见方，苗尺八分宽，厚一分半。

制作弯尺，首先要求靠尺和苗尺料方正平直。在靠尺八分面或六分面上开五分深一分半宽的夹口，抹足鳔胶，把苗尺一端卡进夹口。夹口结合要紧密，也不可过紧撑裂夹口，松紧度可提前试好。预先选一较好宽木面，把一边刨直（也可在宽平面上画一直线），把刚粘结的弯尺靠在直边（或直线）上，沿苗尺内边画线，然后把靠尺面儿翻过来仍靠在直边（或直线）上，看翻过来的苗尺内边是否与画线重合，调整后再画线检验，直到翻转后重合为止。经过晾晒，待鳔胶干固，粘接牢固，再用前法，检验修整苗尺外边（用刨子刨刮修正），使弯尺内外两角都成直角。为防止粘接不牢，可将结合处铆住。

规矩成方圆。弯尺，矩也。四方木为楞。木匠画活要用弯尺搭靠木楞边，以楞为基准，所以要求木楞方正，至少相邻的两个正面要方，不然成了锐角或钝角楞，画出的榫线和卯线也会随着斜角出现平面歪斜，组装出木活也不会方正。所以，木匠刨木料时，要用弯尺内角"套一套"楞面，检验方正。

用弯尺可做水平检验。把弯尺立在一平直的长木楞上（如伍尺），用墨斗当线坠，观测直立的苗尺是否与垂线重合，进而测出底边是否水平。

（6）丁字尺（女土蝠）（见图2-14）

丁字尺也是直角尺，木匠叫它"拐子尺"，也是以形得名。制作方法与弯尺相同。区别是，卡口粘接在苗尺五分之三长的部位。

拐子尺是做木架的必用工具，用来在栀背、檩面、柱头沿中线作出十字形垂直截面线。

使用弯尺的手法主要是手心向下掐捏靠尺的中部。使用拐子尺有时是手心向上托拿靠尺的尾部（如勾画檩头横截线），使尺面保持水平，不可随着木料的弯曲坡度低头或仰头。

（7）活角尺（心月狐）（见图2-14）

做四条腿的长板凳，做三条腿的圆板凳，做木梯，尤其做斜棂窗户，斜角角度变化多样，于是活角尺应运而生，简称活尺。

活尺用料，靠尺（也叫尺橄）七寸长，七分见方；苗尺（也叫尺苗）七寸长，七分宽（与靠尺同），一分半厚，苗尺厚了沉笨，而且画线时挡眼，弯尺、拐子尺同此道理。靠尺的夹口很长，且夹根为坡斜（内边六寸点与外边四寸半点斜交形成的内斜坡）。夹口外端（做成半圆）向里二分做中轴点，钻一透孔。

把苗尺一端与靠尺斜坡夹口相应，做成斜角，卡进夹口，另一端与透孔同心钻孔，用穿钉与夹头铆在一起。不可铆死，以苗尺在夹口中能搬转动，又不自转为好。若用螺丝锁固最好，可随时调整松紧度。

为了美观好看，把苗尺另一端做割角圆润。

活尺，主要使用靠尺内边与苗尺外边形成的角。寻找和确定角度，木匠叫"搬尺"。用时打开苗尺，用后把苗尺折卧进夹口，便于携带。

（8）门尺

门尺，又叫门广尺、鲁班尺。是专门用来择定门口宽广的用具。据传说是鲁班始创的。

门尺分为八寸，每寸五分。每寸每分上都标有或吉或凶的辞名注脚。门口宽广的择定，依据注脚避凶趋吉。如营造尺二尺三寸，用门尺量之，门尺上反映为"大吉"。二尺八寸，门尺上则为"富贵"。相邻分寸多为不吉或不大吉。

过去民宅正门或主门，宽二尺八寸。非主门或后门宽二尺三寸，久成定规，木匠做房门不用另选。院门多为三尺二寸，也有三尺五寸或更大的，但都没有"分"的零头。

门尺宽一寸八分，厚四分，长度为一尺"矩"的弦长。按勾股定理的计算方法，应为一尺四寸一分四厘（近似值），按营造尺的标准，折合米尺为44.9厘米。

但是勾股定理，并不是木匠师傅的传艺内容。木匠们既不说平方也不会开方，而"方五斜七准斜七"的口诀则被用来说明直角等腰三角形三边的关系。两直角边各为五时，斜边为七，并且见五增七，同步增长。直角边各长五寸五分，斜边长七寸七分。直角边各长六寸，内含十二个五，那么斜边长十二个七，为八寸四分。

实际上，"准斜七"并不准，误差很大。木匠在实际工作中，遇到等腰直角三角形求斜边的情况很少。即使遇到，以"五"分解后进行再计算也嫌没把握，不如画小样图形，取单档画实样快捷稳妥。做斜活儿时，求取棱形四边形的边长，聪明的木匠根据"斜出于正"的道理，各取一个横竖排当的长度，做成直角后，连取斜线就可确定棱形的边长。

木匠是技术应用者，大多注重实际操作，而且越简便越好。做一架木梯，应用"一寸乍某分"的简单规律，很快就能算出各级梯掌的长度，一次操作成功。至于与"方五斜七"的同步增长有什么联系，似乎没有探究的必要。

"方五斜七准斜七"，只是口诀的前半部，与它相联对的后一句是"圆三径一不径一"。用来说明圆周与直径的关系。如设计制作一只内径一尺的圆木桶，需要拼合用板料为三尺（内圆周长，木料的厚度会产生二个同心圆）。圆周率约为3.14，0.14的误差在实用中反映为板料缺少一寸四分宽。所以，用三尺板料做出的圆桶，直径肯定达不到一尺——"不径一"。

由此看来，门尺的长度——"一尺矩的弦长"，本身承载着一个技术口诀，说明着两个技术原理。而这种无形的技术原理，面对的是文化很低的乡村木匠，面临着被忽视被遗忘的境况。只有赋予它看得见、摸得着、用得上的实体，或许能改变命运，在行业中代代流传下去，这或许才是造尺者的初始本意。于是一个技术原理隐附于门尺上，也确实延续了生命流传至今。

由此可知，门尺只是一个形体，它的灵魂是"方五斜七准斜七，圆三径一不径一"虽然这个技术口诀不常使用，但它对木匠总有一定的启发作用。至于它的"吉凶"测量作用，这里不做讨论。

据有人考证，门尺最先流传于长江中下游地区，后来才传至北方。但门尺始出何人？称为鲁班尺，可是鲁班造？木匠做门为什么没有"分"的零头呢？

门尺不是木匠必备的工具。只有少数人把它作为祖宗之物而置之高阁。

5. 斧子（斗木豸）（如图2-15）

斧子是木匠常用的工具。选一把称手的斧子可使用几十年。

斧子由斧头和斧把组成。斧头又分斧刃（刃白）斧身、仓眼和斧顶几个部位。

斧刃钢口要硬，刃角不要外乍太大，斧身看似直笨的斧子其实好用。斧顶要方，钢性太强的斧顶钉钉子时回弹力太大。仓眼要正。斧头各部

图2-15 斧子

位的形状、大小、重量、厚度比例要协调。

斧把用原棵檀木最好，木丝长，韧性强，不易横断。谨慎的木匠把两块薄铁片铆夹在斧把前端上，然后穿过仓眼，并把铁片露出仓眼的部分，折压钩住斧身。防止安装不牢，使用中斧头脱飞出去闹玄。

木匠斧子有单面刃白和双面刃白两种，各有优点。用双面斧砍削，可以"左右开弓"。单面斧只认右手，但斧刃易磨，不易发生"滚刃"。凡刃子工具都忌滚刃。双面斧稍不平直（尤其左面），呈少许鼓形，砍削时即不抓料"捆嘴巴"。不论哪种斧子，使熟用惯后，效果差不多。

斧子的功用，斧刃可以砍削，斧顶可以锤砸，还可把斧子放平当铁砧用，用锤子在斧顶侧面部位敲砸小东西。

6. 锤子（鬼金羊）

锤子也是木匠常用的工具，种类较多。木匠大多用羊角锤。

锤头一端是或圆或方的锤顶，另一端是像羊犄角样子的夹子口，所以也叫夹子锤。斧子可当重锤用，锤子应尽量小些轻些。精细的木活，受力娇，锤子重了还得收板着用力，犯不着。

羊角形夹子是个"起钉器"，钉子没钉好，用夹口把钉帽卡住，把钉子拔出，很方便。但钉子大、入木深，用锤子夹口就不行了，锤把受不了。

7. 老虎钳子（尾火虎）（如图2-16）

图2-16　老虎钳子

老虎钳子是专门拔钉子的工具。大号的用着得力。

拔大钉子有个小窍门。钉子怕"跪"。把钉子露出部分砸倒成平弯，用锤子适力左右敲打，使钉子转动松动，然后再用钳子拔，就省力多了。

钉子若断在木头里，可用凿子在断钉周围凿出窝坑，露出一段钉身，然后拔出。窝坑不可一次凿很深，要试着来，尽量少伤木料。

还有一种专门的起钉工具，俗名叫"拔钩子"，拆卸钉子较多的活儿，才专门备有。

随着木螺丝钉的广泛使用，改锥也成为木匠的常备工具。而剋丝钳的功用较老虎钳子优越，也成为了常备工具，取代了老虎钳子。

8. 冲子（尾土雉）（如图2-19）

在铁片上打孔，以前就靠冲子。钉钉子时，有钉帽碍着，钉子会高出木料表面，用冲子砑一砑，钉帽隐入木表面，油漆后，木面光滑平整。总之，冲子是木匠必备的工具之一。

（剁子应属辅助工具，一般不直接用于木活中。但有时维修和制造工具要用到它。）

9. 刨子（如图2-17）

刨子由刨床、刨刀、刨把和刨楔组成。

刨床各部位的名称有：刨底、刨面、刨头、刨尾、刨膛、刨口和楔墙。两个侧面无名称。

图2-17 严缝刨、二豁头、小刨子、盖面刨

自制刨床选直丝硬木，较常见的有国槐和柞木。木丝纹路，有顺逆之分，刨底要顺纹在前，不可戗茬。刨床的宽度根据刨刀规格决定，一般应超过刨刀宽度四至五分，做为刨膛两侧各不足二分半厚的膛壁，以使刨刀轻松插进刨膛。

为了美观，刨头上面儿可修饰成直梗斜坡或弯形斜坡。

刨刀，以宽度论规格。购买时要注意，商家用正规英尺（铁钉长度也用英尺），而木匠习惯用营造尺。英尺八分为一寸。木匠所说的寸二刨刀是十二分，在商家那里是十英分。木匠最常用的规格有"寸二"和"寸四"二种，均为营造尺。"一寸"和"寸六"的用得不多。

刨子把儿有两种：一种是上安装，把牛角形刨把镶卡在刨尾上面儿，然后用钉子牢固。这种刨把一般称为压把儿。一种是下安装，称为穿把。在刨尾侧面钻凿椭圆形透孔，将椭圆形木把插进孔中就行了。有时需要刨刮固定在狭窄处的木料，刨把会成为障碍，下安装的刨把儿可随时拔掉，灵活方便。但它不如上安装的弯形刨把攥握适手。大量的刨刮木料还是上安装的好。

刨楔的作用是楔紧斜插在刨膛里的刨刀，它的楔形角度必须准确合适，必须与刨刀与楔墙之间的空斜相附。刨楔在刨刀前面的叫"前打楔"，在刨刀后面的叫"后打楔"。 刨楔有木楔和铁楔两种。铁楔又称盖刃儿。"盖刃儿"即可"拿欠"（盖刃儿可将木丝折断，所以用带有盖刃儿的刨刀刮出的木料表面比较光滑，几乎没有戗碴），本身又是刨楔。

楔墙是紧固刨楔的挡墙。楔墙有两种：一种是，开好刨膛和刨口后，用小挖锯条穿出刨口，直接在刨膛的两内侧膛壁上锯出斜口，再用窄凿剔成斜槽。这种楔墙只适用前打楔。也可在刨膛两侧壁上钻相对的两孔，穿插固定硬木或铁制的横档。这种楔墙多用于后打楔，也用于前打楔。

刨口，在刨底上的位置，可取刨身长度的中分线，作为刨口的后线，即刨头与刨尾一样长。也可前移或后移，但不宜过多，移动后的刨头与刨尾相差在五分之内为好。刨口的后线与刨膛的后线大多呈45°斜坡。刨口宽二分。由刨口后线向前二分做刨口前线。后打楔的刨口是由刨身中分线向后二分画刨口线。

刨膛斜坡要铲修平坦，与刨刀相附，若稍有空隙，尤其刀刃处，会因挤压不严紧发生震颤而"响膛"，发出尖锐的噪声，刨膛前部修成圆鼓形，以利刨花出膛，同时防止刨口随着刨底的磨损变薄而明显变大。敲打刨尾可退出刨刀。

刨子分为平刨和线刨两种类型。

（1）严缝刨（箕水豹）

严缝刨是刨子中最长的，专门用于板材拼接时刨平板缝。刨床长一尺六寸，就可以了。一尺七寸也行，再长太笨重。曾有人独出心裁，刨长二尺，效果并不理想。

打铁先要自身硬，严缝刨的刨底必须平直，才能得心应手地严好板缝。

"严缝"是木匠比较拿手的一项技术。尤其长的板缝，七尺多长，要一气呵成向前推刨子不能中途稍有停顿，这需要全身的动作配合到最佳程度，尤其两腿向前迈倒时，不能影响上半身的稳定。

（2）二豁头（牛金牛）

二豁头常被误听为二虎头。是所有刨子中使用率最高的。几乎刮平刨光的工作都用它来完成。

刨床长一尺一寸至一尺三寸为好，太短不易刨平长料。刨刀规格大多采用"寸二"（十二英分）。

（3）小刨子（房日兔）

因短小而得名，按用途分为糙细两种。细刨子主要用于木器表面的清洁和光细，所以叫"净面儿"刨子。长五寸五分，从刨尾向前三寸做刨口。也可五寸长中分做刨口，但不如前一种使用沉稳。刨刀选用"寸四"或者"寸六"。

糙刨子，不超过五寸长，刨口中分，刨刀选用"一寸"或者"寸二"为佳。主要用来刨刮圆木表面，做木架活儿时必不可少。

以上三种平刨，使用久了，刨底磨损变形，要用另外的刨子，仔细地把刨底重新刨平。多次地"平刨底"，刨床会变薄，刨口变宽，但其他部位仍完好可继续利用。可用"粘刨底"的办法，将磨损去的刨底补充上，只须在粘接好的底板上开出刨口，整个刨子便能使用如初了。免得重新制作。刨口磨损变宽，容易刨起"欠茬"，可粘补刨口，使之恢复原来的宽度。有时被刨的木料，出现"来回戗"茬，可把刨刀反过来用，只是用反刨刃刨过的地方须用砂纸打磨才好。

线刨子的全称应是花线儿刨子，不用刨把儿。线刨有多种，它们大多是前打楔，但刨刀采用后打楔的斜度，即中分线向后做刨口。刨刀斜度小，刨出的木料表面光细欠茬少，一次成功。

（4）盖面刨子（参水猿）（如图2-18）

图2-18　盖面刨、偏刨、单线刨、双线刨、圆线刨

也叫圆面刨子，主要用于把花样窗户的窗棂正面刨成半圆形。刨床长五至六寸，凿有平刨样的刨膛，刨尾长于刨头。刨刃成弯月形内凹圆，宽八分，弧高不超过二分，刨底与刨刃相应也成内凹半圆形。窗棂多为六分正面（也有五分的），八分宽的刨刃可骑盖在六分面上。成型的窗棂外圆面有一分的弧高。

（5）凹面刨子

凹面刨的刨刃儿和刨底与盖面刨正好相反，成外凸圆，刨出的料面为内凹半圆形，所以木匠叫它"打洼"刨。不是经常用的工具。

（6）单线刨（柳土獐）（见图2-18）

刨长一尺，宽二寸五分，厚五分。刨刀全长五寸，铲形，铲头宽六分，铲把儿宽二分。在五分厚的刨床上做刨膛，只是一个二分宽的长方孔洞。刨口是个斜豁口，刨口向上三分是出刨花的圆窟窿。

使用单线刨时，右手扶握刨尾，左手侧握刨身前部。用并拢的左手四指的指甲掐住刨底，控制刨线的宽度。

它的特殊功用，是利用宽出刨底的刃角，抠刨出内斜角，做"穿带"上的燕尾形掛棱，非它莫属。当然用它也可刨出半平槽，但不如偏刨快捷准确。

（7）偏刨（餮火猴）（见图2-18）

以前，偏刨主要用于裁出窗户边里口外棱上的线条。

刨长七、八寸，厚六分，刨口中分。刨膛在刨床的左侧，实际上是半个刨膛。刨刀宽三分。刨底用单线刨裁一不满三分的半拉槽，使刨刀刃角宽出。剩下的三分多厚做为固定控制加工宽度的靠墙。

现代装有玻璃的门窗，玻璃槽三分深，用偏刨裁槽很准确。

这种偏刨有一缺点，只能裁三分槽，因为它的靠墙是固定的。

把刨床加厚到一寸，刨刀加宽到六分，刨底保持平面不变。在三分见方的硬木条上栽立二个钉子头，露头二分，并相应钉头位置，在刨底参差着钻三几排孔，用来安插露着钉头的靠墙。这样，根据需要，挪动靠墙，分别插进不同的排孔中，变死靠墙为活靠墙，偏刨的作用就扩大了。

（8）双线刨（轸水蚓）（见图2-18）

双线刨与死墙子偏刨形样相同，区别只在刨刀刃的变形上。

双线刨刃宽五分，斜角状。把五分宽度均分三份，中间一分内凹圆。刨底与刨刃相应。刨出的线条，两边直线，中间半圆线，并且外线深，内线浅成偏斜状，不致两构件相交时"瓢尖"过于削薄而坏损。

（9）圆线刨（见图2-18）

刨刃宽三分，内凹圆，刨形同于双线刨。可在木料棱边上裁出三分宽的半圆线——葡萄线，多用于家具的装饰线。

只要改变刨刃的规格和形状，还可制作多种花线刨。但以上几种是常用的。

（10）槽刨

槽刨的制做比较复杂，多数木匠都不备有。遇到开槽的活儿，用凿子凿是唯一的办法。凿子的规格有好几种，尽能应付开槽，只是显得笨了些。

（11）燕刨

燕刨俗名"小铁刨子"，完全铁制。除了刨膛几乎没有刨床，刨把像展开翅膀的燕子一样。又因其主体像螃蟹，又称为螃蟹刨子。常用于刨刮内圆内弧。

其他还有滚刨，专门刨弯曲板面内圆的，很少用。斜角刨，刨刀刃成斜角并在刨口处露出刨膛一侧膛壁，功能相当偏刨，裁半平槽用，区别是使用时，偏刨用一只手握，斜角刨同平刨一样，用两手握刨把，较省力，但功能与偏刨重复，只少数人备有。

"低头刨子抬头锯"，使用刨子时，要使木料前低后高摆放，才省力。据说，日本木匠使用的是"拉刨"。中国木匠使刨子向前推，日本木匠由前向后拉。估计日本木匠的工作台可能是平放的。

10.凿子（如图2-19）

凿子按凿刃形状分为平凿、斜凿和圆凿。种类虽不同，但都由铁凿身、木凿把儿和凿箍组成。

铁凿身又分为凿身（分概念）、凿裤、凿刃几部分。

平常所说的凿子，指的是平凿，规格按凿刃宽度有一分、二分、三分、四分、五分五种。八分宽的叫八分扁铲，一寸宽的叫寸扁铲而不叫凿子。两种扁铲，多数只备有八分一种，即当凿又当铲用。

图2-19　冲子、斜凿、各种规格凿子

斜凿，两面刃白。刃呈斜角，如同斜角刀样。木匠叫它"斜刀子"。

圆凿，是雕花刻朵的专用工具，木匠叫它"花儿刀子"。凿刀圆弧形。乡村木匠中，只极少数人备有。

还有一种捅凿，凿身很长，是鞍子匠的专用工具。

平凿，凿身由凿刃开始，逐渐向上窄瘦，凿卯时才不会"夹身"。凿裤内空成圆锥形，用来安装凿把。凿把多用一寸粗细枣木棒制作，结实耐砸，顶端不易外溢"戴帽"。

有的凿子使用率很高，如四分凿，磨损较快，随着凿身的缩短，凿刃的宽度也由原来的准四分变成小于四分。这种变化并不影响使用，只要相应地把料榫做小就行。

凿箍，以前多用单股皮绳编挽成。先把干皮绳在水中泡软，然后编成三股、五股或七股的圆箍，趁湿紧套在凿裤上，干后取下备用，这种皮箍绵软，套在凿把上越砸越紧，而且不震手。不过皮筋易断，箍易散，所以木匠的家伙斗子里常有几个备用的。不会编皮箍的人，多用细铁丝缠绕铁丝箍。现成的成品凿箍都是铁箍。凿箍套在凿把上，使凿把能经久地承受锤砸不致很快散裂。

用凿子凿卯眼，要"凿一凿"、"摇三摇"，前后扳摇凿身，使其在卯眼中经常有一定的活动量。否则"一凿不摇"就要放下斧子"双手拔凿"。"前凿后跟，越凿越深"，从第一凿认线开始，第三凿就应"后跟"，重复第一凿的旧位。随着卯眼的前拓，随时后跟，直至达到设计深度。

凿成的卯眼应该深浅到位，四壁平直。卯壁不应有外鼓现象。否则，木榫插进内鼓或歪斜的卯眼，会使整根构件发生歪斜，而且不易纠正。

"木匠好学，冲天卯难凿"。向下凿和横向凿都不难，向上凿卯是比较困难的，不便使力，也不好掌握垂直，凿掉的碎木渣纷纷落在仰着的脸上。只有一个办法可以解决，就是克服困难，坚持到底。

与卯眼相对的榫子活儿，要"里口悬，外口严"。指的是裁割榫肩时，留半个榫肩线，然后沿垂直线稍向内斜，使榫肩有很小很小的内斜，这样的组装用楔后，榫卯结合处没有榫肩碴缝而非常严密。

11. 木钻（氏土貉）（如图2-20）

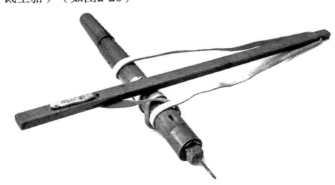

图2-20　木钻

木钻由钻杆、钻帽、钻箍、钻头、拉杆和皮绳组成，是木匠自制工具。

预先选备好金属钻箍，以便根据钻箍直径决定钻杆的直径。钻箍外径选在一寸三分为佳。

钻杆用较硬木料制作。料方一寸三分以上。在同一根木料上截取一尺二寸长一段做钻杆，截余部分取三寸长做钻帽。在钻帽截面正中用六分麻花钻打二寸深圆孔。

在钻杆下端截面上做，外口八分见方，逐渐向杆内里收缩的梯形方孔（先用六分麻花钻打圆孔，后用凿子修成方孔），孔深一寸六分，内底六分见方。由孔底线向外端凿一个二分宽三分长的卯眼，与方孔内底相通，作为拨钻头孔。钻杆上端做钻轴，轴长不满二寸，直径不满六分，与钻帽圆孔相吻合，又能在孔内转动。轴根向上八分，做六分长的一段细腰，直径根据圆竹套的内径决定。选六、七分粗空心圆竹筒，截取不足六分一段，比照钻帽圆孔，把竹套外圆面，修至吻合；然后劈为二半，围拢在钻轴细腰上，并用胶粘合，胶干固后，竹圈套拢在细腰上，能转动。把钻轴连同竹圈一起适力插入钻帽圆孔，竹圈外壁与钻帽内壁紧密结合，就可带动钻帽围绕细腰转动了。钻轴隐入钻帽，即看不见，费大力也拔不出。

钻杆下端头距细腰一尺零八分，中分五寸四分处，与拨钻头孔同一料面，钻一个二分多直径的透孔。在相邻料面上，以"五寸四分处"为中，各向两旁外展三寸，做两个同样大的透孔，用来插固皮绳。

钻箍是紧固保护钻头方孔的，高七分左右，安装必须紧密牢固。

最后，把方钻杆刨成圆杆，下端与钻箍同圆，一寸三分直径。上端钻帽顶一寸直径，整根钻杆略有锥度。

此尺寸是从多种规格中择优选出的。其他的工具尺寸亦是。

拉杆长一尺八寸五分，前宽六分，后宽七分，厚五分。由后端（手握处）三寸五分向里，在七分面上凿四分长的二分透卯；再由前端五分向里在五分面上凿同样透卯，穿插皮绳用。最后把拉杆做光滑润手。

拴木钻的皮绳是"板皮"条，三分左右宽为宜。分长短两根。其中短绳，一端插进钻杆中孔，用木楔把露头楔紧不使拔脱，并把木楔头锯平。将皮绳围绕钻杆四匝后，把另一端穿过拉杆后孔并系牢。另一根长皮绳，先穿过拉杆前孔，两绳头分别插进钻杆同杆面上的两个透孔，绷直后用木楔卡牢。

这时，手握钻帽，拉动拉杆，钻杆就可旋转了。

钻头的制作：钻尖可采用规格不同的铁钉，既方便又实用。先把钉尖砸扁，然后钉在中硬的木料截面上。去掉钉帽后把断头砸扁，用钢锉把扁头锉成三角尖锋，角边成刃。把钻头从木料上截取不小于二寸长，比照梯形方孔，做成梯形方木，插进方孔后吻合即可。方孔外钻头露出不宜超过五分，否则使用中容易摇头松动。

根据需要，可制作钻尖大小不同的钻头，供使用时选择更换。用锤子横向打动钻头的露出部分，松动后即可取下。也可用一分或二分凿子，插进拨孔，向前拨撬钻头尾部，把钻头顶出。

钻绳在放置中常会缠绕自乱，称为"瞎钻"。可耐心解析，实在不行，可解开握把的绳头系扣，重新栓过。

12. 麻花钻

麻花钻也叫洋钻，应是进口物件。

木匠们打孔，三分以下直径的圆孔，用木钻即可完成，再大些的孔就要用麻花钻了，所以木匠备有的洋钻规格多是三分以上的。而八分以上的孔可使用凿子和木锉完成。

乡村中使用洋钻的木活很少，有时给公家做活可能用洋钻，但机会也不多，所以这种工具常是"十年闲"。

13. 刮刀（室火猪）（如图2-21）

图2-21　刮刀

木匠对付原木上的树皮，首先用锛子砍抄，剩余的残余，采用刮刀搂刮掉。对树皮较细薄的原木，如椽子之类，直接使用刮刀。用刮刀也可刮除圆木表层的污迹。它的特点是，用小刨子刮不着的凹弯处，用刮刀可随木料的弯凹顺势刮行。但是，若遇到硬疖或较大饯茬，却无能为力。所以刮刀常与小刨子一起配合使用。

刮刀由刀片和木把组成。刀片长七寸左右，宽约一寸。刀片两端有辘辘把似的插把。

刮刀把儿用一寸多粗的木棒做成，长度以刀片以外能把握即可。与插把相对应，钻二个透孔，穿插刀片用。把木棒砍出弯面，与刀片呈斜面，就像刨刀与刨床一样，弯面即相当于刨底。这个弯面可试着修整，最后定型。

14.鳔胶锅（如图2-22）

图2-22　鳔胶锅

鳔锅是铸铁的，口径三寸五分至五寸不等，斗深二寸五分至三寸。下有三脚能站立，上有单耳可安装锅把。乡村木匠流动性大，多选用中小型，携带轻便。

蘸鳔汁的刷子，在一拃长的木棍端头锯一豁口，用生麻一撮长四寸许卡进豁口，然后用绑墩布的方法绑在木棍上，刷毛长寸许，多余的去掉。

过去，多使用鱼鳔。先把干鳔片放在硬石上砸成网状，然后剪成碎块。用热水浸泡，并用火熬，待鳔片成了鳔疙瘩，用圆头木棒如捣蒜一样，在锅内撑捣，直至把疙瘩捣烂为止。也可用斧顶在干净的物面儿上锤砸。重新加水，上火再熬，直至成汁。

鳔汁主要用来粘接板缝，用木楔时也可蘸些鳔汁。气温不同，用鳔的黏稠度也不同。"冬流夏稠"，文字上不好准确描述，只能在实际中体会。

鳔汁内不可混进细小的杂物（如沙粒、锯末等）防止硌垫板缝。用完锅内鳔汁，要清洗鳔锅，清除沉淀的杂物和焦糊物。

用鳔要趁热，以多余的鳔汁被板缝挤压出来为最好。板缝本无缝，是靠渗入板面鬃眼的少量鳔汁黏合的。所以木质细硬的木料（如杏木、梨木等），较木质粗软的木料（如杨木、柳木等），不易粘接。"鳔多了不粘"，鳔汁凉凝后形成的厚膜，垫在板缝中是粘不住木板的。所以粘缝时动作要快，尤其是七、八尺长的大缝，要尽量缩短抹鳔的时间，但也不要手忙脚乱。

寒冬腊月，粘接板材，鳔汁抹在凉板缝上很快凝冻。怎么办？较短的板材可搬进暖屋去粘。较长的板材，屋小摆弄不开。可将待粘的板材摞成一摞，用刨花火在板缝近处烘烤一下。刨花火，火头软不会把木板烧焦。刨花火，火头急能迅速把板缝烤热。然后趁热用鳔，并用卡子把拼接板卡紧，抬放到暖屋中，二十四小时后鳔汁即可粘牢。夏天鳔汁干得快，十二小时就行了。

鱼鳔，是从鱼的鳔泡中制得的一种粘合剂，有一种淡淡的鱼腥味。干鳔片用香油煎炸后服用可治疗咳嗽。到了二十世纪六十年代中期，鱼鳔已不多见。市场上流行一种"水胶"，有一股臭味，当时的人们叫它"臭水胶"。这种胶可直接加水熬汁，比鱼鳔省事。后来，水胶被猪皮鳔取代。再后来，粘接普遍使用"乳胶"。这种粘合剂可直接使用，不用熬制，很方便。这是科技发展的必然结果，鳔锅从此被闲置。

15. 木锉（毕日乌）（如图2-23）

图2-23　木锉

钢锉是锉铁的，木锉是用来锉木头的。许多弯拐内曲或凸突处都要用它来锉磨加工。

木锉有两种造型。一种是平板型，齐头平面，锉边儿方厚如板。两个锉面中，尖齿面锉痕粗糙，平齿面锉痕光细。这种木锉只适合加工突凸的外棱和较大的内凹棱面。对于圆孔内壁和圆弧夹角就无能为力了。但加工较大的木面，尤其是木料截面，这种木锉比较得力。

另一种造型，形如柳叶，尖细瘦柳的锉身可伸进较小的圆孔内。锉面一平一鼓。用鼓面可锉磨圆孔内壁。锉边削薄，可加工各种夹角。

16. 檩母、叉板（如图2-24）

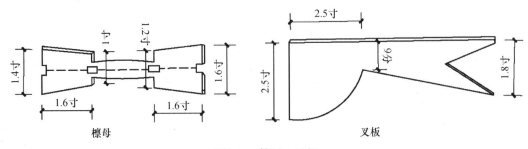

檩母　　　　　　　　　　　　　叉板

图2-24　檩母、叉板

檩母是专门用来画檩榫和檩口、枭榫和枭窝子的样板。

双头檩母，两头大小不同，画檩背时用小头，画檩底时用大头，这样画出的榫和口都是上窄下宽，立架上檩时，榫易认口。

后来有人改用独头檩母，画制出的榫口虽然组结效果不差，但认口稍有不便，增加了在房上高处作业的难度。

画枭榫时，上面用大头，下面用小头；枭窝子的下底改用手尺子画。

叉板的叉头是专画瓜柱下榫的榫肩的，半圆头是专画"碗口"用的，两叉角常规间距一寸八分；半圆头的圆弧半径可根据檩木的直径大小进行更改，如多数檩的料头，直径为四寸五分，可把原来五寸的半圆头改小二分半。

檩母和叉板不属于工具，但却要常备。

第三章　房宅的建造

第一节　房宅简述

四合院曾经是民宅建筑的主要形式。它独特的建筑风格，与中国的历史文化有着密切的联系，蕴含着传统的思想哲理，体现着家庭伦理、生活方式和审美标准，凝聚着世代营造工匠们的心智和功力。

人的一生有大半时间是在房宅中度过的，房宅的优劣直接关系到一代甚至几代人的生活质量。所以，人们对房宅建设非常重视，宁可节衣缩食，但建房绝不马虎。建造房宅是生活大事，大多数人一辈子中总要有一回。

民谚："土木之工不可善动"，既是经验的积累，也是教训的总结。房宅是实实在在的建筑，营造是技术施工的过程，来不得半点虚假。从房基选定开始到工程告成结束，每一步都必须脚踏实地，认真规划、仔细设计。否则，一旦工程主体落成，大局已定，事后发现不妥，只能后悔遗憾，随遇而"安"了。再造或改造绝非易事，普通人家毕竟资财有限，即使有些财力，但精力和兴致会比以前严重减退。

建房应由专业技术人员操作完成，其中少不得有"风水先生"参与进来，谋划指点。这不是坏事，他们的许多说法和讲究，具有一定的实用性，并非都是虚妄之谈。只是由于以往人们普遍文化低，也由于阴阳五行学说、易经八卦的古老费解，以及阴阳先生们的故弄玄虚，结果，使简单和基本的原属于自然科学和工艺技术方面的原理，被掩盖在神秘色彩下，失去了本来面目。使人们面对"风水""凶吉"等说法时，一片茫然，不知所措。

其实，"风水"之说，旨在（指的）周边环境，包括自然气候环境、地理地质环境和人文环境。"凶吉"之论，意在优劣有别，是好与不好的另外一种说法。

随着社会的发展，四合院这一古老住宅形式，逐渐让位于新型的建筑格局。但它的许多建筑规范和理念，仍被现代的人们承袭和延用，成为不泯的辉煌亮点。

一、房宅基地的选定

凡事预则立，不预则废。房宅基地的选定，首先应考虑到生存安全，居住安全是建房选基的最基本条件。要尽量避开不良的地理地质环境，预防可能发生的自然隐患。所谓"凶宅"必是处于危险之中，如近水道可能洪水泛滥、靠山崖可能山石塌落、陡坡可能泥石坍滑、松软沙地可能使房基沉陷、岗头风口多受虐风之苦、阴沟洼地常遭冷湿浸淫等等，都不是建房的理想基地。倘若别无选择，也一定要有科学的认知，并采取相应的防抗措施，把可能的危害，减少到最低程度，提高安全系数，达到能安全居住的标准。

房宅基地的选定，应考虑到方便生活。购物、就医、就学、水电、交通等，都应尽可能方便。这是大范围的环境条件。小范围内的条件是，门前道路必须通畅。通畅又以顺畅为好。近便为顺，不近不便为不顺。所谓"左青龙，右白虎，水走青龙，道不走白虎"的说法，归根结底，讲究的仍是一个"顺"字。因为房宅尚北。北房抢阳，采光好，日照和谐，冬暖夏凉。"有钱不盖东南房，冬不暖夏不凉"，东房和南房先失了天然优势。西房稍强些，但也比不上北房（不知南半球的房屋朝向追求是否与北半球相反）。又因为，中国的地理形势，总体是西北高，东南低，百川东去。时尚的北房，水道必然走东（左）。于是代表水象的"青龙"在左，水向使然。而人出行必欲急，沿水道之势"下"行意顺；归家时多心安，虽趋高而"上"，但情怡。道路尚左，是否还与人的生理（如大小脑的位置）有关，不敢妄言。

"北走巽门，不用问人"，说的就是北房的道路走向尚东南最好，最顺。东房、南房、西房宅院的道路走向，大体上也随了北房的模式。

由于地形地物和人为的原因，道路走向会出现各种各样的情况，但都应力求近便。现代住宅，有许多排子房，相邻的两排房常共用一条走道，其中必有一排房走道右出，也未见不好。可知"白虎"并不妨人，它只是与"青龙"相对应的名称而已。如若一定要走巽门，院门开在东南方，先左行出宅院后，再沿院墙外右行，然后进入官道，虽然合了讲究，但弯绕曲折，不近不便，总算不得顺。

对于多年沿袭下来的习俗，不可不仿照遵从，否则会招致非议，让人心中忐忑，但一味的讲求形式，不知变通，只会给生活带来不便。

房宅基地的选定，还应注意周边已经先期存在的人文环境。清静的居处给人以安然的心境，祥和的氛围使人居住坦然。拥有平等互适，相安无事的好邻居是非常重要的。

聚居是人类生活的一大特点。虽然以家庭为单位各自独立生活，但又必须互相趋就、互相往来、互相借助，才更有利于生存和发展。这也是村落城镇形成的一个主要原因。远离人群，独处寡居，多是出于无奈，不是普遍现象。但是聚居也会产生相互间的干扰，给人带来烦恼和不安。

如"宁住坟，不住庙"之说，说的不是临时住进庙宇或墓地，而是指邻近墓地或庙宇，是对人们选择房基的警示。虽然，坟和庙都给人肃穆阴森的感觉，但比较而言，墓地要相对安宁些。邻坟建房，用院墙隔开，与人实无大碍。邻庙则不同，每日里钟鸣磬响，烟气缭绕，更兼僧俗近嫌，游人信步，住在这样的环境里，家中男女多受几分困扰，少享几分坦然。

当然，坟庙之说，意在比较，一个"宁"字，其意昭然。若别有选择，还以远坟为善。否则，或偶遇疾灾，或有人非议，即疑神疑鬼，动也惶惶，静也惕惕，实在是犯不着。

总之，要正确理解和应用阴阳五行学说，着眼实际，务求真谛。营造居住安全、坦然、生活便利的房宅院落，是根本的目的。

二、四合院的格局

民宅四合院几乎没有正北正南朝向的，北房一般都"抢阳"5°～10°略偏向东南方。

四合院之所以称为四合，是因为整座院落由四面房屋合围而成。

传统的四合院，房屋都是砖（石）木结构。以两柁之间的檩长计开间。标准的一间房，檩长九尺五寸。檩长七八尺的为一小间，再短只能算是半间房子。

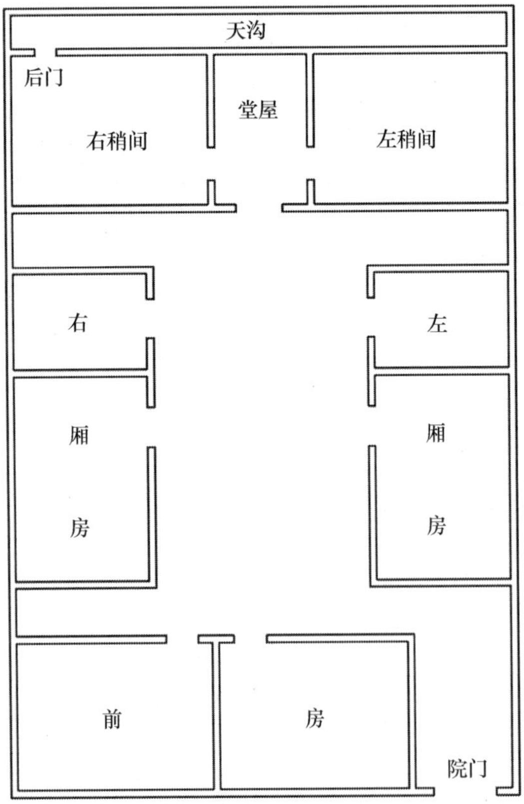

四合院按上房的间数，分为大四合院和小四合院。

乡村中，标准的大四合院（如图3-1）上房五间，两厢配房各三间，前房五间。小四合院上房三间，两厢配房各二间，前房三间。另外还有以下情况：

有的院落，因建筑面积有限，只够建上房和厢房，没有前房的基地，仅以院墙代替前房。这样的院落少了"一合"，被称为三合，以示与四合有别。与人说时，只要讲明是三合，人们就明白是没有前房的院子。三合院也分大三合和小三合。

有的院落，因建筑面积较宽，建上房五间后，左右仍有余地，为了充分利用地皮，也为了不使正房两侧空旷，便在上房左右各建一间耳房。耳房的地基高度、柱

图3-1　大四盒院平面图

子高度，都低于上房，尤其总高度，甚至低于厢房。它的后墙与上房的后墙平齐。因为杗短于上房，它与上房的位置就如人的两耳在头上的位置，低而后座。

有的院落，几个院子前后相连通，形成纵向的二进院、三进院，甚至更多的多进院。这种前后连通的多进院，两院之间都由院墙或者房子隔着，成"日"字形。由院墙分隔的，墙正中开有院门，与前房的走道大门相区别，被称作"二门"。建有门楼，称为"二门楼子"。由房子分隔的，房子叫腰房。腰房属主房，但不是上房。上房专指标准院或多进院中最后一进院的正房（如图3-2）。

有的院落，几个院子横向连通。但有主次之分，主院前房设有大门。主院两侧的院子叫跨院儿。有单侧跨院儿，也有两侧双跨院儿。跨院儿的总体规模，以及房屋高度都不及主院。

有的院落盖上房五间，地基长度不够，盖三间又有余剩，盖四间虽然合适，但不够讲究，只能盖五小间。把四间的长度均为五小间，檩短些，这是常有的一种格局，叫"四破五"

有的宅基，正面只有二间半房的宽度，只能盖三小间上房，除去两面山墙的厚度，平均每间屋只有七尺多的檩长。

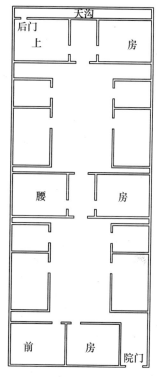

图3-2 二进院平面图

过去，北方住房屋内都盘有火炕，炕前有地火炉。七尺多的檩长，使一架明杗刚好位于炉子火口的上方，犯了"杗不压锅"的忌讳。实际是，杗木长期受烟火熏烤，木质会变得焦脆降低承重效力。可将炕屋的檩长加大一尺成八尺多，杗身就躲开了炉口。正中一间不变仍是七尺多，另一间只有六尺多了。这种形式的上房叫"一二三"，它的院落只能有一面厢房。

三、四合院的房间布局

四合院，以上房为大。这里的"大"即包括礼法的大，君臣君为大，父子父为大，兄弟兄为大，还包括上房的规模和高度，包括房基、房柱、房举架、杗檩长度以及房脊等，不仅大于本层院的配房，而且大于下层院的主房。至少有其中几项总要大于其他房。

上房的高度决定着整座院落其他房屋的高度。但首先要适应和追随周边已有的院落房屋和建筑。既不可过低，也不可过高。低了受周边"高"邻的制约。高了，反过来会影响四邻，鹤立鸡群，先失了与四邻的和谐，总以随顺为好。

大四合院，上房五间，骑中坐落在四合院中轴线上。由两道隔墙或隔窗把正中一间分隔成单间，作为堂屋。堂屋两侧，各两间房连通，用做居室，俗称稍间。堂屋前脸留有正门。进了正门，左右隔墙上的门口各自通向左右稍间。左居室的边间后墙上开有不大的固定的卧式后窗。后门多开在右稍间的边间，通向房后的"天沟"。天沟的作用主要是使上房后坡的雨水顺沟而走，流向水道洞口，走自家水道。天沟是由上房后墙以外的一面长墙和两侧的短墙形成的一条水道沟。

厢房的总体规模和高度都小于上房。大四合院的厢房为三间，多为"两明一暗"，即用隔墙（或窗）把靠边的一间隔开，成为两间大屋（外屋）和一间里屋。隔墙（窗）上的柁叫隔断柁。柁下有门，叫里屋门，连通里外屋。隔断柁架的空当处叫"象眼"。用秫秸把子或木板把象眼封堵后抹以白灰，与屋内墙壁同色，但柁体大部分仍明裸着。里屋虽与外屋有门相通，由于封隔严密，又自成单屋。有的厢房单间不与连间大屋相通，门口同大屋一样，也留在前脸上，成独立的一屋。按照左为大，两间为大，单间为小的讲究，单间大多在右边间。这是指左厢房而言。右厢房按常理又小于左厢房，房屋的总高度略低于左厢房（柁檩长度一般与左厢房相同）或地基或房柱总有一项低于左厢。但它的单间房位置以及屋门位置都与左厢对称。小随大。

多进院的腰房，同上房布局相仿。只正中一间为走道间，前后各有门口贯通里外院。上房的后檐不被观赏，只用砖石出檐即可（俗称小檐），前檐须使用大椽出檐。腰房的前后檐都在明处，所以两面都用大椽出檐，美观、气派也协调。

前房是倒座房，前脸与上房相对，后墙临街，也是两面大椽出檐。横向长度与上房、腰房相同，都是五间。北上房四合院，把前房的东数第一间作为院门过道，不另做门楼，但门口两侧的墙体用砖池头突出，以显门脸。在整座院落中，前房东数第一间，正是东南方，八卦的巽位。其余四间，由隔墙分成各两间连通的两个大屋。屋门开在东数第三、第四间的前脸上。一般连通的大屋边间后墙都开有后窗。

若是南房大四合院，院门多开在前房正中一间。

东西向的四合院，院门开在前房的左数第一间，与北向院相似。

小四合院的上房三间，布局与大四合院的左厢相同，房后天沟，有后门。

多进小四合院，没有腰房，以院墙分开前后院，正中开门，建有门楼。厢房二间，房门开在邻近上房的一间上。

小四合院的厢房山墙长度，以不超过上房中间明柱，前檐滴水的边沿儿相对上房抱门窗的不足一半为好。这样从上房门中走出时，视觉上不至于首先看到厢房的前檐边角。大四合院子宽，不存在这个问题。

小四合的院门或留在前房正中一间，或留在东一间，均可。

正房与厢房之间都留有"伙道"，即两房之间共用的夹道。既做水道，也为了正房采光。伙道的宽度，由正房地基前墙至厢房的山墙，有三尺、五尺、七尺、九尺等几种，都是单数。

多数院子，都以四面房屋的山墙和后墙以及天沟墙作为围墙。两房之间的空缺处，由伙道墙填补，使整个院落完整严密。只有少数院在房屋之外另造院墙。

"街坊高打墙"与外邻高隔，既防人，也避嫌。

两个相邻院子之间，应该留有伙道，是双方厢房后檐滴水水道形成的夹道，水道自有。但有的因种种原因，造成特殊情况，两院相邻过近（多因一方挤占地皮），没了伙道，只好在自家房的后墙上砌置走水石槽，把后檐水引入自家院内。后檐"占天不占地"虽然不侵占利用他人的地面，但侵占他人的"领空"，总不理硬。

院内的水道，在建上房、腰房和前房时，在各房基中砌一条前后贯通的倾斜的流水暗道，位置在走道间台阶的东侧。

地基顶部也是一级台阶。台阶的级数有连顶三、连顶五、连顶七、连顶九或更多。建房的规划理念，上房地基最高，台阶级若为连顶九，腰房可为连顶五，前房连顶三，两厢配房各低于正房。如果级数相同，但台阶高度有差。

每级台阶的宽度大约一尺。高度的设置"迈七不迈八"，即最高不要超过七寸。七寸高的台阶还须阶面前倾，以降低垂直高度，但多数人仍会感到蹬跨吃力。较合适的高度应把握在五寸或五寸五分。

上房和腰房的台阶两侧，随着台阶的高低走势，铺有斜阶台。院门台阶两侧砌有矮墙，上铺平阶台。

四合院房屋的建造设计，本着"长柁短檩，高根基矮柱脚"的原则。"长柁短檩"结构合理，比例协调，一间屋的平面为长方形，两间通屋的平面仍为长方形，适合家具摆放，视觉舒服。"高根基矮柱脚"，是说，房子的总高度，在许可的范围内，地基可高则尽量高些，房柱可矮则尽量矮些。根基就是房基，房基高，采光好，室内明亮，而且高不患水，避免屋内潮湿。矮柱脚，可增强房屋架构的牢固性，还有利于冬季的室内保暖。过高的房柱使室内空间向高处扩展，有限的暖热空气向上轻浮扬散，人在下层必觉低温寒冷。

老式建筑中，许多事情讲究奇数，避免偶数，如上房的间数、台阶的级数、伙道的宽度、房柱的高度甚至窗户棂的根数等等。大概是因为单数为阳的缘故吧。

四合院的格局，虽然有一定的规范和许多讲究，但绝非不可变通。根据实际情况，如院基的面积和形状，周边的建筑和地理环境，个人的文化理念和经济条件，当时的人际关系，以及工匠的施业水平等，局部上会有许多变更，造成多种多样的形式。但总体上不违背四合院的大局。

四合院的初始设计理念，体现着民族的传统文化思想、宗法、礼教。以上房为大，上房又以左稍间为大（北房东为大），依次为上房右稍间，左厢、右厢，腰房左稍间、右稍间，前院左厢、右厢、前房左稍间、右稍间。一家人共居一院，辈分最高的人住上房左稍间（中间堂屋供神佛用），其后依序各居其所。四世同堂，甚至五世同堂，其乐也融融，其势也雄雄。

但多年之后，由于兄弟分家析产，人口支脉繁衍不一，于是，居住层序逐渐混乱。不过一院之中，基本能保持一姓本族。乡村中有一不成文的约定，房屋（包括无房的地基），买卖易手，必须优先本家本姓，先近支后远房，然后才轮到异姓。本族人为了不使祖产外失，有损声名颜面，多能置买下来。除非出了不争气的败家子孙，或者大的世事变迁，房屋几经转易，院内可能就成了大"杂"院了。

四、房屋的样式

这里所说的房屋样式，主要指房屋前檐和前脸门窗装修的形式。

主要有以下几种：

1. 封护檐

图3-3　封护檐房

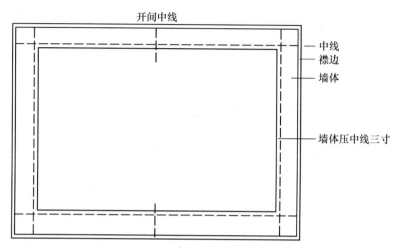

图3-4　二间封护檐房屋地基，墙体平面图

封护檐也叫"四不露"。柁檩柱椽都不露出房墙外（如图3-3）。它的四壁墙体基本一样，由地基边沿向里留出二寸宽的襟边（如图3-4）即可挂线砌墙。前檐与后檐一样，用砖石出二层或三层小檐，然后做滴水檐。由于出檐较窄，下雨时，雨水顺房坡流下，只能滴掉在门前第二级台阶上，常会溅湿门槛。

前脸门窗也很简单，每间房或门或窗只有一个。窗棂也无复杂的花样，多为横竖相交的方格。

一般不成格局的院子才采用这种形式，并且主要是经济贫困的人家。这种形式的房屋，大多只使用明柁、脊檩和前后襟檩，省去了山柁、山柱、前后檐檩和大椽。下掛的小椽，一端钉在襟檩上，一头直接搭在墙上。

2. 一间老檐出

也叫"虹出头"，地方言，把"虹"发音为"犟"即有一抹彩虹出的形象，也隐含将就牵强和争强较劲的意思。

规模不大的小三合院上房，或采用这种形式。正中一间使用大椽，半装修，两边间仍是封护檐（如图3-5）。门窗样式稍讲究些。

图3-5　一间出檐房

3. 黑汉腿儿（如图3-6）

或叫黑暗垛。房屋前脸，凡有柱子的地方，都砌成墙垛，将柱子包裹在墙内成为"土柱子"。柱身全露的，包括露半身的叫明柱，全部隐在墙内的叫土柱子。墙腿挡光，这大概是"黑暗垛"名称的由来。

前檐全部使用大椽。

前脸门窗，正中一间多为半装修。其余每间各留一窗在两墙垛之间，从坎墙上至檩椽，多做成上扇可支起，下扇可摘掉（简称上支下摘）的卧式活动窗，窗棂花样多采用"步步锦"。

不少够格局颇讲究的院子上房，甚至有的前出廊房，也采用这种形式。主要原因不是为了省工省料，而是因为上房柱子较高，尤其前出廊房，柱子更高，多用墙体包裹柱子，加强了柱脚的稳定性，使房体架构更加牢固。

图3-6　"黑汉腿儿"房

4. 半装修

装修的概念，现在广泛地理解为室内和室外的所有装饰美化和各种设备的安装工作。木匠所说的装修，是指门窗这部分。

半装修，是指房屋前脸，垒砌约三尺高的坎墙（门口除外），坎墙以上，檩桥以下全用门窗封装的形式（如图3-7）。

坎墙宽一尺二寸，内三寸外九寸，骑压在两前柱之间的地基中线上，坎墙以外有约一尺宽的"台帮"（如图3-8）。

房子前檐全部使用大椽。凡大椽出檐，必使用前檐檩，檩下有桥。前脸明柱，下半截包在坎墙内，上半截明露着（山柱只露半个圆面）。

用"抱框"包住柱面儿，抱框上端与桥、下端与腰槛相接形成规矩方正的框圈。圈内的窗户多做成上支下摘的卧式"四大扇"活窗（如图3-9）或两立两卧上支下摘的四大扇（如图3-10）。

做立式四大扇活窗（如图3-11）多是官宦人家或庙宇，乡村普通民宅不常采用。

有门的房间，门框叫"通天框"（如图3-12），从门槛直通到桥。门上"门顶窗"两侧"抱门窗"。

图3-7　半装修房

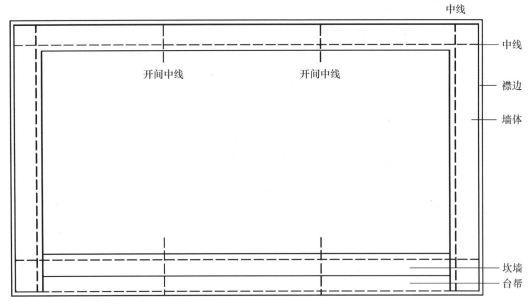

图3-8　半装修房地基墙体平面图

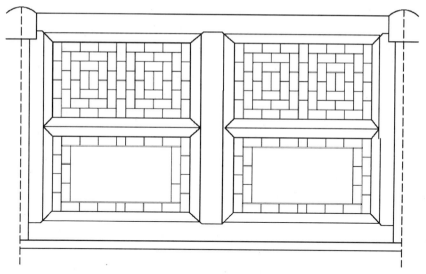

图3-9　卧式"四大扇"窗（步步锦）

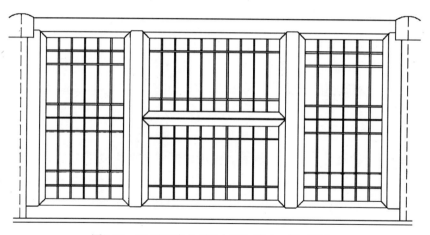

图3-10　两立两卧式"四大扇"窗（一模三件）

图3-11　立式"四大扇"活窗（蚂蚁斜）

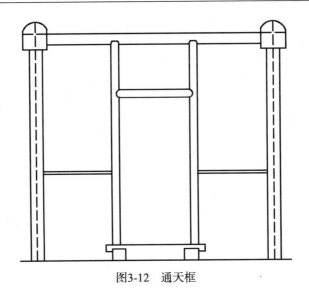

图3-12　通天框

半装修形式的门窗，比较讲究窗棂花样，木匠们根据主人的意愿和自己的技术水平，可演变出许多花样。

半装修是乡村民房采用最多的一种形式，它可用于正房、厢房、耳房等各种房屋。经济上，一般家庭都能承受。

5. 满装修

也叫落地扇，满装修前脸没有坎墙，由屋地面以上至枋以下，全用木门窗封装。这种形式，两柱之间，下设落地通槛。扇活有活扇和死扇（固定扇）二种，从枋一落到槛。在相当坎墙高度以下，镶嵌板芯，上部使用窗棂（如图3-13）整栋房屋很少单独采用这种形式，多与半装修相结合。

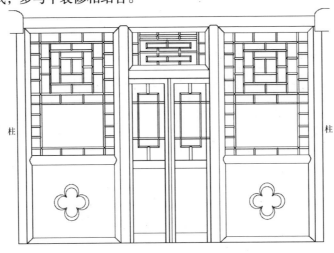

图3-13　满装修落地扇窗

6. 一步退襟（如图3-14）

图3-14　一步退襟房

由隔断隔开的五间上房的正中一间，前脸门窗由前檐檩下，向屋内退挪一个檩当，退到前襟檩下。留出一间房长，一檩当宽的廊台—月台，作为左右稍间和堂屋的共用走道地面。

过去，五檩房架很多，前檐檩往里就是前襟檩，在前襟瓜柱中线相对的柁底下，增设一根后明柱，与前明柱之间形成的当距，刚好留作进出居室的门口（二尺三寸）。左右居室门口相对，被称为"鱼鳃门"。七檩架后退距离也以门口宽度设计。

退襟的一间，襟檩下有梾，门窗为满装修落地四大扇。左右居室为半装修。

月台前明柱之间的上部装饰"楣子"，样式有讲究，五个相连的"灯笼框"名曰"龙五堂"。"笼""龙"同音，取个吉祥。但帝王时代"龙吾"是犯忌的，只好说成"连五堂"。

7. 前出廊（如图3-15）

图3-15　前出廊房

　　是一种前有走廊的房子，相当有钱的人家才盖这种房，乡村中不多见。退衿房是在原有的木架结构下，把前脸门窗向后挪了一檩当，并不影响木架结构的原型。出廊房则不然，它改变了木架结构的前半坡。

　　房屋木架，根据檩数，分五檩架和七檩架，个别的有九檩架。五檩架每间房用五条檩，从前向后依次为前檐檩、前襟檩、脊檩、后襟檩、后檐檩。七檩架的襟檩是分为上襟檩和下襟檩的。前出廊的架构原理相当于七檩架。但由于出廊的当距不同于均分的檩当，所以要出现多次的计算。

　　由于出廊的原因，使得房子的进深加大，立体比例变化也造成室内采光不良，所以前出廊前脸两排明柱柱子的高度要增加，不可仍同于普通房柱的设计。

　　出廊部分另做廊子柁，俗称棒棒柁，也叫插柁。虽短小却是明柁。直径不可太小，不然柁脸会显得窄瘦难看。

　　廊柁底向下五六寸有拉拽木（也叫穿插枋），两端用透榫与前后两柱相结，以增强稳定性。

　　房前门窗，或满装修或半装修或黑汉腿或几种样式结合。

廊檐下为横向通长的楣子窗。

平常房子前后两坡大致相等（前面大椽出檐时，前坡略大于后坡，但不明显），出廊房，前面多了一廊，两坡就相差很多了。"前廊后不廊，必是撅尾巴房"。建好的前出廊房，从侧面山墙看，前坡明显大于后坡。而且后檐明显高于前檐——撅尾巴（如图3-16）。

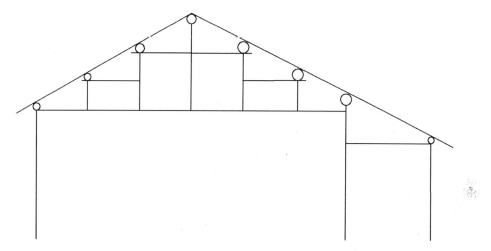

图3-16　撅尾巴示意图

8. 六檩借架

廊栿落中长度一般为三尺五寸，廊上檩当很大。将廊栿长度中分，在中分处增设一个瓜柱，柱上承檩，其结果是房子前坡由脊檩到廊子前檐檩共有六檩。这种样式叫"六檩借架"（如图3-17）只个别房子用之，很少见。

六檩借架前后房坡檩当不同，要分二次计算。但它仍属"撅尾巴"房。

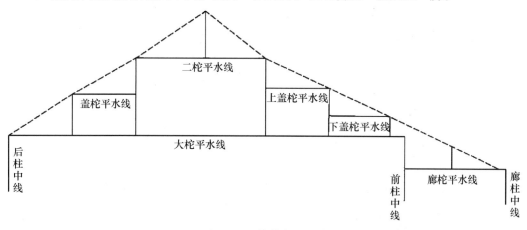

图3-17　六檩借架示意图

9. 大脊坐中

有的房主不喜欢撅尾巴房，尤其是腰房也前出廊时，前低后高的屋顶肯定影响整个宅院的美观形象。解决"撅尾巴"可用"大脊坐中"法。

形成"撅尾巴"的原因，是房脊仍坐落在大柁的正中，而不是坐落在大柁加廊柁的总跨度正中。把房脊（瓜柱）前移，使之坐在包括廊柁在内的总跨度正中，是为"大脊坐中"。

前出廊大脊坐中法的操作特点（与正规房架的主要区别）是：

① 前后坡的檩当儿要分别排算（行业用语：两尺活）（图3-18）。

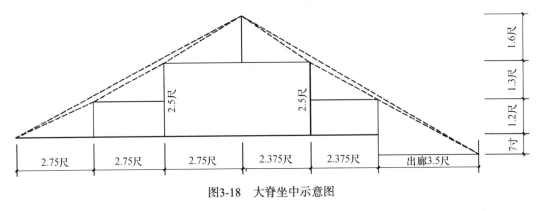

图3-18　大脊坐中示意图

② 由于出现廊柁平水线和大柁平水线（简称二平），计算瓜柱高度时，要注意分清，不可混乱。

③ 全柁组装完毕，应实地检测儀头，不合理处，及时更改。

10. 丁字脊（如图3-19）

图3-19　丁字脊房

　　弯尺形房屋，它的房脊成丁字形相交而得名。它是边间向后延伸联通的结果。临街商铺房常有这种形式。

　　边间的后檐檩，既是主房的后檐檩，同时也是后续房的大柁，所以它要具备柁的质量，但直径又不可很粗，此柁的举架高度按正常举架设计，但要由主房的大柁平水线起算。由于此柁较短，只有主房的檩长，它的举架高度，最终低于主房，也就是说，后续房的房脊常是略低于主房脊，在形成丁字的地方出现缓坡相交。

　　后续房丁字相交处的脊檩，一端架在后续柁的脊瓜柱上，另一端搭放固定在主房的小椽上，中间用木柱垫架在主房后襻檩上，它的长度不足主房柁长的二分之一。襻檩也是棒棒檩，长度为主房柁长的四分之一。

　　立架时，丁字处的房檩组装要在主房的小椽钉固后进行。通过实际比量确定檩的长度，丁字处的小椽也是边比量边截取边钉固。

第二节　房屋木架的制作

一、概　　述

　　房屋木架是由多种构件组装而成的。这些构件相互关联、相互衔接，起着各自的作用。制作这些构件的木料更是种类不一，形状各异。木匠要根据雇主的要求和木料的具体情况，进行筹划，在心里先形成一个整体框架，然后分项施工，才能在制作中不发生纰漏，圆满地完成工作。

　　木架的制作，经过若干代工匠的实践，基本形成了一套完整的简便实用的技术规范，对施工中可能遇到的各种情况，都能应对解决。

　　制作前要做的几件事：① 与雇主接洽，听取雇主意见，了解与施工有关的情况；②如果地基已经成功，必须到地基去实际看一看，并丈量证实有关尺寸；③ 相看木料是否齐备，是否合乎使用标准；④ 选择施工场地。

　　各种构件的制作顺序，多是先大件后小件，先圆木后板材，先房上后房下。

二、上房三间七檩架全柁全檩半装修模式屋架制作

　　下面以上房三间，七檩架，全柁全檩，半装修为模式进行记述（柁长落中一丈三尺，檩长落中九尺五寸）（如图3-20）。

　　制作的第一步截料。截料的过程也是比较和选择，安排和确定木料位置的过程。截下来的短料，可用做小件料，避免重复截取，造成浪费。截料时必须谨慎。"长木

图3-20　七檩柁架房屋

匠，短铁匠"，荒料可稍长些，留出"盘头"（按标准线锯齐料头）的余地。

柁料要用伍尺多次丈量，确认准确后方可下锯。大柁落中一丈三尺，加前后各五寸的两个柁头，实长一丈四尺，然后加留盘头。有的柁料刚好一丈四尺，或短一、二寸，也可用。盘前柁头时，尽量少锯一些，擦边即可，短缺的尺寸留给后柁头。后柁头隐在墙内，不必盘头。只要柁底能承放柱顶，柁背能架放檩底，短一、二寸无所谓。

檩料荒长一丈即可。有的檩料稍长些，但长出部分又不能做他用，可留至画线后再截，节省一锯的工作。个别檩料，刚好九尺五寸长，短了一榫（一寸八分）长，可安排两个檩头都做檩口，并把此料专记在心。

柱料的长度根据设计高度而定，另加上端一榫（一寸）长，下端可盘头即可。柱料若短，可用砖石下接柱脚，下接高度不要超过一尺。以五六寸以下为好。

大椽料，木匠们把前檐大椽的长度习惯上定为五六尺。即七檩架五尺，五檩架六尺。根据九尺五寸的檩中，椽数取双，每间房十八根（十八掛）最好。椽当儿五寸。三间房共54根，可多备二、三根，以供选用。椽料一次性截成。

小椽二百七十根，经验长度三四尺。即七檩架的三尺，五檩架的四尺。四尺椽的直径应比三尺椽粗些。大椽亦是。

小椽的长度计算方法：檩当儿长加七寸。大椽再加出檐长度。

二柁的长度为二个檩当儿长另加一尺（两个柁头），并留盘头。每根大柁配一根二柁。配明柁的要好些，其次是隔断柁的，再次的配给二山柁。有的大柁向上拱弯很大，不用配二柁。这种大柁很少，俗称拱肩柁。

盖柁，每架大柁配二个（也有因拱起太大，不用配置时）。长度为一个檩当儿长加五寸（一个柁头）。以前盖柁的尾榫为整榫，穿透瓜柱。后来改为半榫约一寸长，减少了盖柁的长度。

瓜柱料，以木丝紧密的硬木为好，每架柁配五个。其中脊柱一个，上下襟柱各二个。长度根据举架的高度，柁平水的大小，以及抽襟长脊的尺寸而定。为方便加工可联截，即一根料做二个瓜柱，不必当时截开。

返手活，泛指不必要的重复加工才达到设计标准的操作，施工中应尽量减少这种操作，节省工时和人力。

檩方和门框、后窗为板材，另备。连檐料可在圆木中选留，也可使用板材。门槛和门墩应特选耐水浸、足踢的硬质料。

过去，屋内多是火炕，炕沿料以通体整根为好，若有可预先选留，长一丈三尺即可。

截料过程中，大柁料应能确定位置。檩柱料只是初选，其中少数料要经过弹线加工后，才能最后确定位置。

选材时，要根据料体的直径，弯曲程度、节疤、伤损等具体情况而定。树种也是条件之一。杨木臭椿木等易老化，一般上房后三十年，水平承重能力就降到很低，没有"横劲"了，看着虎实，其实不耐用，尽量不做明柁用。柱料也尽量不用它，因为它不耐潮湿，下柱头易朽。火杨（圈杨）料头易散裂，影响 榫头质量。新伐的湿香椿木易"破肚"，有时从头到尾自裂成两半。

地方风俗，桑木与"丧"同音，是不能上房的。但臭椿木受过皇封为木中之王，是可用的。"桑枣杜梨槐，不可一起来"是说这五种树的木料，不能在同一房屋中使用，即同一房屋中不能同时出现这五种木料。犯忌的原因，是谐音造成的，"丧早肚里怀"可理解为英年早逝和伤及胎儿。

1. 柁的制作

这里所说的只是立字柁。柁由若干柁件组装而成（如图3-21），在房架中是技术含量较多的。质量最好的柁料用做明柁，其次用做跨山柁，再次用做山柁。

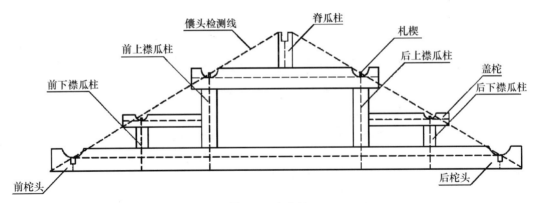

图3-21　立字柁

（1）大柁（如图3-22）

先用锛子将柁料体面上的树皮和节包等进行清除和修理，为弹墨线做好准备。以柁料的根截做前柁头，稍截做后柁头。

1）选定柁背（如图3-24）

选定柁背完全靠目测。一根圆木柁料，看似通体直顺，弹线后总有弯度显出，真正笔直的很少。有时一根料有几个弯，不仅上下弯，而且还侧弯。侧弯不能太大，否则不宜做柁料。侧弯太大，造成柁背中轴线局部严重侧移，中轴线两侧严重不对称，使瓜柱失去良好的立位结合点，影响整柁的质量。好的柁料通体只有一个拱弯。

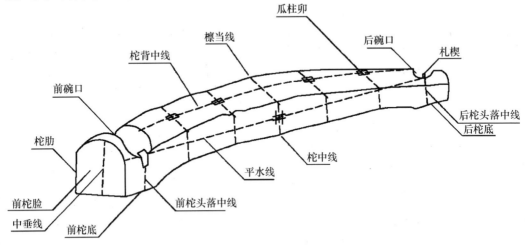

图3-22　大柁

滚动柁料，把拱弯进行比较，选择最大的向上拱起作为柁背。由二人将墨斗线绳拉出，通过悬空拉直的墨绳，在柁背上目测选定将柁背中分的最佳中线（中轴线的简称），并弹墨于柁背。然后把墨斗做成线坠，在前后柁脸（截面）上分别"吊线"，画出中线的垂线。

柁背中线及中垂线的确定，也确定了柁料的使用体位。

选择柁背中线时，要考虑到柁头的未来是否能产生较好的柁底平面和肋平面。

弹线时，要将墨绳垂直提起，然后弹下，防止墨线偏斜。尤其柁体弯曲较大时，弹线后要进行检验：墨绳一端原按点不动，另端抬起，用悬空拉直的墨绳瞄对中线。若有误差，可再弹线进行纠正。并在正确线上画认记符号"×"。

有的柁料，局部下垂弯较大，墨绳悬空较高，不能一次弹到位，造成墨线中断。可收短墨绳，在中断处补弹，直到接续上为止。

2）选定柁底（如图3-23）

"柁底"含两个概念：①专指柁头底部安放柱顶的平面；②泛指柁的底面。

"柁头"也含两个概念：①专指五寸长的"柁头儿"；②指包括五寸柁头儿在内的柁脸向里一尺左右的一段。

以中垂线横平为准，把柁料翻倒，一侧肋面朝上。把墨绳前后拉直，在肋面底部选弹柁底切割线。要切割出与中垂线垂直，前后柁头都能容放柱顶的平面。切割面要适中，太大伤料多，太小不中用。

用丁字尺，尺把儿比齐中垂线，尺苗子对准切割线按线点，在前后柁脸上，分别画出十字直角线。

翻转柁料，使另一肋面朝上，用墨绳连接两十字直角线的另一线端，弹下墨线。这样两条肋线和两条柁脸上的十字直角线，就勾画出了柁底平面的轮廓。

图3-23　选定柁底

若柁料向上拱起较大，切割面将只限于前后两个柁头部位。再翻动柁料，使柁底朝上，用锛子把要切割掉的部分砍去，柁底就粗略形成了。

若柁料较直，或某个柁头部位向下弯鼓较多，切割面会延伸很长，若把延伸全部砍成平面，必多伤柁体。可用"拔塞儿"方法，只将容放柱顶处（适当大些）砍成平面，其余部分保留不动，如同拔出塞子一样。为拔塞方便和造型美观，应把结合部锯开，并锯成角尖形。

3）平柁底

用二豁头刨子先平前柁底，标准是：柁底平面必须垂直于柁脸中垂线。不然，未来的整架柁会立不直。检验方法是：把伍尺横放在平面上，与柁头外齐，角尺把儿搭在伍尺上，下垂的苗尺能与中垂线平行。

再平后柁底，前后柁底应在一个水平面上，不可有前后斜倾或侧歪。检验方法：把伍尺横放在已平好的前柁底未来柱顶的位置（由柁脸向里五寸处），把刨子侧面朝上横放在后柁底上，伏身瞄测刨床棱面线与伍尺棱面线是否重合，出现交叉为不合格。直接瞄测前后柁底平面检验前后斜倾。

4）夹肋（如图3-24）

图3-24　柁背、夹肋

翻动柁料，使柁背向上，二人拉直墨绳，象选柁底一样，分别寻选两个侧肋（主要是前柁头部位）的切割面。要切割出与檩方的结合面，并能适当消除和理顺柁料两侧的臃肿，使圆柁身呈现一定的立体感，透出雄劲。

肋线应平行于柁背中线，但有的柁料两端直径相差很大，后端按线点往往超出料外，可用手尺子比量着悬空弹线。为照顾到切割臃肿，可适当收缩一些悬空，但在刨平前柁头肋面时，要有意少伤后线，以恢复与柁背中线的平行。多数情况下，后柁头几乎不出现肋平面，有肋无面儿。

弹好两条上肋线，用手尺分别量出肋线按线点与中垂线的直线距离，并在柁脸上画出与中垂线的平行线。翻转柁料，使柁底向上，弹出下肋线。

用锛子砍平肋面（指柁头部位，有时也需拔塞）后适当理顺臃肿，不必过分追线，避免伤柁主体。再用刨子平肋面。肋面应与柁底成直角，用角尺内角来检验。

山柁只须做内侧一个肋面，以减少不必要的工作量。

在实际操作时，为了少翻动柁料，在弹柁背中线并做好中垂线后，即可弹好上肋线，并做中垂线的平行线为下肋线做好准备，待砍平柁底后，即弹下肋线。一座房子有几架柁，平柁底和平肋面也多是集中进行。

5）净活

把柁身全部刨刮干净，节疤和棱角刨圆润（不包括柁头见方的棱角）。

柁背中线一般保留不动。有经验的木匠在弹此线之前，已把柁背净了。

6）画柁杆

选直挺的竹杆或木杆一根，长度超过柁长（若短可牢接一段），到房地基上实地比量前后两柱脚石上的中线间的距离（以明柁为先），在杆上画上临时线记。以此线记，逐个检验其他柱石中线。若无误差，即可确定为大柁落中长度的标准。

"大木架儿，大木线儿"。打造木架，圆木的使用，都是以"中"来确定构件的长度和体位的，所以每个构件上都做有中线，有横向中线，有纵向中线。为区别荒长、实长和标准长，木匠用"落中"来说明标准长。如所说的柁长"一丈四"只是一个大概标准，但"落中"的长度是一定要准确的。

柱脚石上的十字中线，是柁和檩的落中长度，是瓦匠在垒好地基后用自制尺画的。用柁杆实地比量，套取长度，解决了瓦匠与木匠可能因自制尺不同而造成的误差。

极少情况瓦匠没有预先画出柱石中线，木匠可根据地基的实际存在，按规矩留出襟边和墙体厚度，算出落中长度，然后画出柁杆。但不必在柱石上画固定线，以后瓦匠会根据木匠的柁杆自己画。

画定柁落中长度的墨线后，为认看方便无误，可在墨线上做十字记号，以明显地与其他线记相区别。

接下来，在柁杆上画分檩当，五檩架分四当，七檩架分六当。分当要精确，虽是"糙"木架，尺寸糙不得。先分中画中线，并做正中符号"中"，再将其他当线排画好，一根柁杆就完成了。

柁杆是画柁的标杆。它可保证多柁的长度统一，当距一致。可防止弯柁因弧度所造成的长度误差，还可防止木匠在多次丈量中出现疏忽错误。

7）画梒

画梒最好由二人操作。

① 先画梒底（如图3-25）。

梒底朝上，用墨绳连接前后中垂线的下端，弹出清晰标准的梒底中线。不要让多余的墨液溅污梒体，造成"脏活"。弹线前，若视墨绳上吸附的墨液过多，可二人拉直墨绳，躲开梒料，悬空朝地空弹一下，抖掉多余的墨液。避免重新净活。

把梒杆顺梒放在梒底上。根据杆上的落中端线，先选定前梒头的落中线位置，再确定后落中线。并画短线记号，用画签画的记号总是短线。

拿开梒杆，用丁字尺做出短线与梒底中线的直角延长线。这条线以外即是五寸梒头儿，我们把这条线叫做梒的落中线。

用手尺由落中线向外量五寸，做一条平行线。这条平行线就是以后梒脸的盘头线。为尽多地利用梒的大头，可先确定前梒头的盘头线，然后向里点五寸，再用梒杆量定落中。

在落中线与梒底中线相交处，骑中画出"海眼"（柱顶榫的卯）。可画成一寸四分见方的方卯，也可画做二寸二分长、八分宽（一凿宽）的长方卯。之后把"海眼"凿出，卯边剔成"八字"斜坡。

凿海眼，多是几架梒都画完，集中凿。凿完后，要检查一遍，不可漏凿一个，不然立架时就麻烦了。因柱顶榫长八分，海眼的深度总要达到一寸。最好用手尺探量

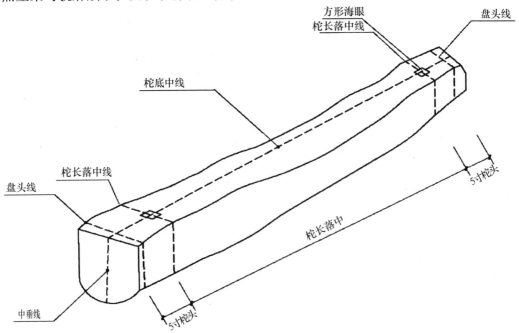

图3-25　画梒底

一下。

对海眼的检查很重要，因为柁底朝上的机会到此结束了。

②画柁肋（如图3-26）。

把柁身两个侧面进行比较，选其中平直饱满的一面，当做"正面"，朝上放好，弹正面平水线。

"平水线"是确定柁架高度，瓜柱实用高度和柱子实用高度的标准线。它必须与柁底平面平行。

所谓"平水"，就是与柁底平面的同平面。它们之间的距离（高度）的确定，是以柁头上与落中线上下相对的柁背区，能产生"碗口"为条件的。要同时照顾到前后两个柁头的情况。平水太高"碗口"浅小，太低"碗口"深，伤料多。

为方便以后柱子的画定和记忆，平水高度尽量取整数，如四寸、四寸五、五寸等。

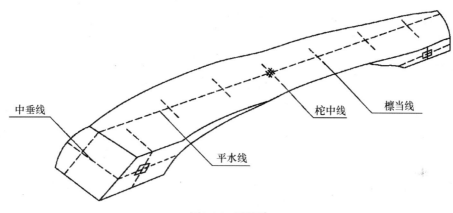

图3-26　画柁肋

多柁中，若数柁直径相近，要尽量使平水高度相同，减少数据记忆。

若柁体上拱弯较大，弹平水线会出现空断。可向上"借"线，在空断处上部弹一段平行线，高度以寸为整数，并画"上圆弧"符号，"借"几寸就画几个相连的上圆弧线（如图3-27）一次借不够，可连续借。

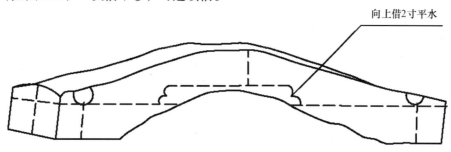

图3-27　借线

若桁体下垂弯大，平水线空断，可向下接平水，借线符号画成下圆弧。

正面平水线弹好后，在桁脸上画出它与桁底的平行线（桁脸平水线）。

用角尺把落中线和盘头线过渡到肋平面上（肋落中线和肋盘头线）。

用叉板的长边比齐肋落中线和平水线，沿半圆形板边画弧形"碗口"线，然后把叉板翻面儿，画另一半"碗口"线。此后，画檩椠窝子。

画檩当线，把桁杆贴近平水线，检验两个过渡来的肋落中线是否与桁杆相符。若误差较大，可修正肋线。若误差较小（一二分）不必修正。只以前桁头肋落中线为齐点，将桁杆上的檩当线，点记在桁平水线上，然后拿开桁杆，用丁字尺在各点记上做出平水线的垂直线。并在正中垂直线上画正中符号。

翻转桁料，画另一肋面。以桁脸平水线端为按线点，弹背面平水线；过渡肋落中线和肋盘头线，画"碗口"和"椠窝子"。此肋面不画檩当线。

③画桁背

把桁背朝上，桁底支架平。用丁字尺比靠桁背中线，把肋上的檩当线准确地过渡到桁背上，与桁背中线形成十字直角线。

至此，大桁的加工告一段落。

用丁字尺过渡圆木上的直角线时，常会遇到弯木的斜坡，用尺不可随坡就坡，正确的握尺方法是，握尺的手掌心朝上，掌指平伸并与拇指一起托拿靠尺的后端，使尺苗悬空呈水平状，然后瞄对靠尺与中线平行，用画签贴靠在苗尺的窄面，利用苗尺厚度形成的直角面，勾画出准确的过渡线。

有的房架不使用山桁，但门窗仍采用半装修形式。没了山桁，也就没了山明柱。那么，边间的前檐檩和椠，窗户抱框和腰槛，全都没了着落处，前脸不能"交圈"。为解决这个问题，可使用"假桁脸"。

假桁脸有二种。一种，长度约一尺二、三寸，下边用一根柱子顶着。实际上是一个完整的大桁头，专门承架前檐檩和椠，其他檩头都搭在山墙上（压硬山）。钉檐椽时，要等山墙垒起，前襟檩搭固在墙上后，才能进行。另一种，长度为一个檩当长加两个桁头长，下用两根柱子，襟瓜柱可立在"棒棒桁"上，不用压硬山。

半截桁。只做山桁用，长度能承架"二桁"。二根柱子中的后柱随桁尾向前挪到山墙内。半截桁极少使用。

接桁。桁料短了不足一个檩当长，可做山桁。为使桁体内侧外露完整美观，可在桁尾接长一段木料，补充短缺。后柱不随桁尾的加长而后挪，应顶在结合处。接长的一段，有山墙顶着，受力没问题，仍可承架后檐檩。

（2）二桁

二桁的制作内容和过程，与大桁基本相同，只在点画檩当时，要取用桁杆中间的二当，以便与大柁的中间二当相符。另外，夹肋时不用考虑与桫的结合部，除非满桫。一般五檩架才有满用桫的。

（3）盖柁

盖柁虽小，但它与大柁、二柁一样，也要平柁底、凿海眼、放平水、做碗口等。区别是，盖柁只做一个柁头。

以前，由于木料紧缺，有时山柁不使用盖柁，而用椽子粗细的木料代替盖柁的作用，把上、下襟瓜柱拉扯住，所以叫"拉扯木"。它的制作和安装要待整架柁最后完成时。

（4）瓜柱

先把圆木抄成近于方形，不必四棱见线，再把四个棱边砍成坡棱，使料体成为具有四个宽柱面、四个窄坡面、八条棱的棱柱体，然后刨平光。它的外形与八棱倭瓜有些相似。这大概是"瓜柱"的由来。

把刨过的瓜柱平着担放在板凳上（便于垂线），在柱面上弹做中线，用墨斗"吊线"，在两端截面上各做中线的垂线（用手指顺吊绳压抹而下，墨线即印染在截面上）。翻动瓜柱，使侧面朝上，再弹中线后，用角尺在截面上做垂线的十字形直角线。然后以垂线和十字直角线为按线点，弹出另二个空白柱面的中线。这样，四个柱面都各有一条中线，而且相邻的两条中线在截面上都反映为直角（如图3-28）。

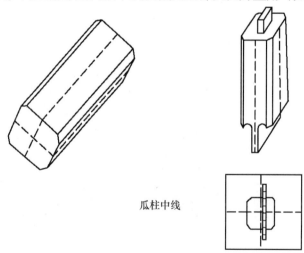

瓜柱中线

图3-28 画瓜柱中心线

为省时，可把几个瓜柱一同排放在长板凳上，成批的做线。

弹中线还有一法：先在一板面上做一直角十字线（至少大于瓜柱截面一倍），把瓜柱一端直立在十字线上，选定四个下柱面的中分点，画上墨记之后，把手尺子横放在上截面上，人站着向下看，通过手尺长出截面的部分，寻找和画出与板面十字线相应的十字线（见图3-28）。然后放倒瓜柱，连接墨记和十字线点，弹出各柱面的中线。

用这种方法，瓜柱一定要直立。但瓜柱截面往往呈马蹄形，需用东西支平，费事。另外一个一个地画线，总不如前一种方法快捷。

叉瓜柱　因使用叉板画瓜柱，所以叫叉瓜柱。之前要把前后柁底支平放稳。备好压杆一根——两米多长的檐椽料。

1）前上襟瓜柱

① 把瓜柱竖立在柁背上襟位置，各柱面（至少三面，正面和前后二侧面）（这里所说的方位，以柁的正面为正面，前柁头为前），中线的下端与柁背中线和檩当十字线对应齐，把压杆一端顶地一端抬起压住瓜柱的上端，使瓜柱立在柁背上不倒不动。用伍尺一头着地立着，棱面比齐前柁脸中垂线（等于延长线）瞄看瓜柱的前侧面中线，并调整压杆，使中线与尺边平行——立直瓜柱。

再把五尺比齐柁正面的檩当线，调整压杆，使瓜柱正面中线与尺边平行——瓜柱的体位与柁的体位相同。

瓜柱在柁背上竖立不稳，可用碎木楂支垫。木楂不要超出瓜柱截面，以免影响叉板走动。

② 用画签画出瓜柱两侧面在柁背上占有的宽度线，这个宽度即是这个瓜柱卯的长度。

图3-29　叉瓜柱

③ 用叉板（直边上的叉角在下）贴着柱身，沿桁背的弯凸面走动（如图3-29），叉板的另一叉角上蘸有墨液，随着叉板的走向，就画出了与桁背弯凸相吻合的墨线在瓜柱上。两叉头间距为一寸八分，正是瓜柱榫的长度。

为叉线准确，每次由桁背中线起，到檩当线止，分四笔把瓜柱画满。人围瓜柱走动时，不可碰动压杆。

④ 桁架高度（举架）有三种比例：桁长落中一丈，举高三尺，简称三尺举。还有二（尺）五（寸）举和二（尺）二（寸）举。一般上房多用二五举，厢房用二三举。个别廊子房用三尺举。

设桁长落中一丈三尺，用二五举，那么举高应为三尺二寸五分。为计算方便，凑整数实举三尺三寸。那么上下三"层"瓜柱，每层应高一尺一寸。设二桁平水高四寸，抽襟一寸五分，那么：

上襟瓜柱的高度是：一尺一寸乘二（层）减（二桁平水）四寸减（抽襟）一寸五分加（叉板宽）一寸八分，结果是一尺八寸三分。

由大桁平水线向上尺量一尺八寸三分（凡尺量瓜柱高度都由所在桁的平水线起量），点记在瓜柱正面的中线上。再向上八分画出海眼榫头的截线（可放倒瓜柱后再画）。

⑤ 画盖桁尾榫的卯线。此线与下襟瓜柱同高。设盖桁平水高三寸，那么，下襟瓜柱的高度是：一尺一寸减（盖桁平水）三寸减（抽衿）一寸（比上衿少五分）加（叉板宽）一寸八分，结果是八寸八分。同样由大桁平水线向上尺量八寸八分，并点记在瓜柱的正面中线上。

⑥ 在瓜柱正面与前侧面相联的窄坡面上，以及上、下襟瓜柱之间（前数第二个檩当）的桁背上，各做相同的符号，用来凭符号认定瓜柱所在桁上的位置和柱面朝向。

根据画签的画线特征，记号多做成：/ /// /// ≠ × Λ # 等样。

⑦ 拿掉压杆，放倒瓜柱，用丁字尺把点记延长并过渡。盖桁尾榫卯线只过渡到前侧面上即可，并向上二寸（卯长）做短线。瓜柱上端的高度线及榫头高度线要过渡四面，并骑中量画出榫头宽度和厚度线。

⑧ 在瓜柱下端两侧面上各画出楔形榫头线：骑中,榫根一边四分，榫头儿一边三分半（锯榫时留半线）。

2）后上襟瓜柱

与前上襟瓜柱高度相同，画法相同。盖桁卯线向后侧面过渡，认位记号做在与后侧面相邻的窄坡面上。

3）前下襟瓜柱

高度八寸八分，画法同上。认位记号做在与前上襟相对应的坡面上，这样，一个柁背记号可分担两个瓜柱。

4）后下襟瓜柱

与前下襟同。

为避免同一柁上前后盖柁的平水不同，出现计算麻烦，要选择平水相同的盖柁作为一对。一般在砍料时就已确定了。

5）脊瓜柱

高度是：一尺一寸加（长脊）一寸五分加（叉板宽）一寸八分，结果为一尺四寸三分。因上襟瓜柱"抽"减了一寸五分，所以脊柱要加高一寸五分，不然举架就达不到三尺三寸了。这就是"抽襟长脊"的内容，目的是使房坡出现向下的一种弯洼——儴（发音为nang）。康熙字典中有"儴"字，注为"缓也"。含有房坡不陡直略成缓坡的意思，表意近切。

为免去各个瓜柱高度的临时计算，可预制尺杆，把相同的前后上襟和前后下襟高度分别画在两个尺杆上。脊柱也可单做一个。多柁中因二柁和盖柁平水不同出现的差距，可更改尺杆。

有时因柁体弯度，在栽立瓜柱的局部位置，柁背中线不中，瓜柱卯若仍骑中线会使一侧卯壁薄弱，可把卯线画在中线一侧（不骑中）瓜柱榫相应地画成偏榫（借半榫）。

山柁脊柱若不用"替木"，可在高度线以上，碗口底的正中，骑四面中线直接画出札楔。

凡不使用盖柁，必用拉扯木，可把上襟瓜柱的盖柁卯画成一寸二分长的拉扯木卯。

凿柁背上的瓜柱卯用八分凿子骑中线凿二寸深，以适应一寸八分长的榫。卯壁要与中垂线同直。为避免偏斜，首先要把柁底放平（中垂线直立）。还可先把凿子凿立在卯位上，人站在前柁头前，用中垂线瞄对凿身，使之同直，然后把握方向凿卯。还可边凿边瞄对，随时纠正方向。

（5）挖碗口

碗口较浅，可先用锛子砍出糙形，再用凿子找细，一个人即可。

碗口较深，由二人用大挖锯加工。

（6）做桵窝

在挖好的碗口底（一寸八分宽，与檩底的接触面）面，连接两肋落中线，画碗口中线，并骑此中线，用檩母模画出燕尾形桵榫窝子，深二寸五分，并先锯后凿把桵窝做成上宽（一寸四分）下窄（一寸二分）的倒梯形。

后柁头无桵窝，在碗口中线与柁背中线相交点，凿横向扎楔卯一个（横向一寸，四或五分宽）。

（7）盘柁头

盘所有该盘的柁头。二人用锯沿盘头线一锯到底，不可翻动柁料由两面对锯，以免出现"错口"（锯口错位），影响柁脸的美观，尤其是前柁头。"一锯柁，两锯檩，三锯柱子站得稳"中的"一锯柁"即指此。

盘好柁头，要把柁脸中垂线重新画好。

把较高厚的碗口侧帮用锛子砍低，防止檩条"架码"（即檩条落不到碗底）。

（8）锯瓜柱榫

先锯下榫的竖线。选大柁或二柁上能容放瓜柱的碗口一个，将绳子挽成猪蹄扣，扣头放在右肋面，套在柁头和碗口内，把一根小椽做别棍，连同瓜柱立着插进绳套（立靠在肋面上），木棍在外挨着绳扣。抽紧绳扣，压下别棍，瓜柱就被立着绑在柁头上。一人骑柁而坐，并用右腿弯压住别棍。另一人拉下锯。集中把所有瓜柱下榫逐个（只）锯竖线。上榫竖线暂不锯。

绳套可随瓜柱的粗细调整松紧度。

把绳扣和木棍转移到碗口上面。瓜柱横着放进碗口。抽紧绳扣，别棍压住瓜柱。（人的座位不变）用挖锯沿叉板曲线锯掉下榫榫皮；锯出脊柱的碗口。改用筛锯把上榫的榫根线（即瓜柱高度线）锯到位，并把多余的瓜柱头盘掉。

用八分凿骑中线把上襟瓜柱上的盖柁卯凿成（拉扯木用五分凿）。

（9）栽瓜柱

先把瓜柱下榫两弯膀的内面用凿子剔空虚。

在一架柁上栽瓜柱的顺序是由后向前。把后下襟瓜柱依认位记号找出，把下榫打入柁背卯中，打入一半时暂停，用伍尺比齐前柁脸中垂线，瞄对瓜柱中线，看是否与中垂线同直，若有偏差，可纠正锤砸用力方向，改垂直用力为向旁侧用力，或修正卯内壁，确认正直后，再全部打入。再用伍尺检验瓜柱正面，使之直立。下榫榫肩与柁背结合不严的，可用挖锯"沙"严。

用同法，把其他瓜柱各就其位栽立在柁背上。然后把上榫锯出，此时才锯上榫竖线，可防止锤打瓜柱时打伤榫头。并把脊瓜柱上端的替木口用挖锯挖出。

（10）"稳"二柁

把已装好脊柱的二柁抬起安装在大柁上襟瓜柱上，"海眼"认榫，检验是否与中垂线同直。方法：把墨绳一端按在脊瓜柱前面儿中线顶端，悬空拉直，瞄看脊柱中线是否与大柁中垂线和上襟瓜柱中线同在一条直线上。若有误差，可修正二柁的柁底平面，同时做到二柁在瓜柱顶上安放平稳，摇之不动。

（11）安装盖栳

盖栳认位后（盖栳至少在叉瓜柱之前就已确位，砍盖栳时应基本定位），用尺杆（伍尺或木条之类）比量上襟瓜柱侧柱面至下襟瓜柱正面中线的距离，并以盖栳海眼中线为齐向后套画在盖栳底面中线上；继续向后六分画出尾榫长度线，并用角尺过渡到两个侧面和栳背上。

量出上襟瓜柱柱面相连的两个窄坡面的角度，相应地画在尾榫两侧（留出卯壁至窄坡面的夹距），然后锯出尾榫和坡面包角，剔除夹心和多余的榫宽（超出卯（二寸）宽的部分）。

安装时，把尾榫打入卯内"海眼"自会认榫盖栳前部就盖在了瓜柱顶上。用铁钉在包角处钉进上襟瓜柱即可。包角坡面活儿，显得饱满充实，不可图省事，把包角做成夹瘦，特难看。

若用拉扯木，仍用模画法，它与下襟瓜柱的结合，用燕尾榫。

（12）做替木

凡直接承架檩条的瓜柱顶部，都应使用替木（山栳可使可不使）。以增大承架面，加大承受力。

替木料长一尺，一寸八分见方（尺寸不严格），四面刨光。在上面儿取中画十字中线，凿札楔卯。两个侧面过渡中线后，把料方横放在瓜柱顶上，对"中"后，把瓜柱宽度模画在料底面上。把宽度内的一段加工成一寸四分见方（上面儿不加工），对应瓜柱上的替木口；把宽度以外的底面儿和两侧面的一部分，砍刨成半圆柱体（如图3-30）然后安装在替木口中。

（13）栽札楔（古代写字用的小而薄的木片叫札）

所有替木上和大栳的后栳头，二栳前后栳头，盖栳的栳头上，都有札楔卯。把札楔料（二寸多长）砍成一端能入卯，另一端肥厚些的楔形，用斧头着力钉进卯内，截留八分高（可用手指比量，两指宽以下），再用凿子把肥厚剔去。这种栽法札楔不易松动。

也可用一长木条，刨准卯样的标准（稍大于），然后栽立，一根木条可随栽随截多个札楔。

（14）号明栳位

用竹笔或毛笔，把大栳和二栳在房上的位置，写在栳背部，防止立架时二栳认错大栳。根据房间数和房屋朝向，从一头或两头顺序排号，防止大栳认错位。如北房五间，依次为东山、东二、东三、西山、西二等。

图3-30　替木

（15）最后的检验

用伍尺逐柁丈量柁架实际高度是否合于设计尺寸，拉直墨绳逐柁检验柁架坡度是否"抽襟"到位（防止朝天儀）。扫视各柁看是否还有疏漏。

检查合格，柁的制作到此完成。

地方风俗，盖房子忌讳使用"孤柁、燕檩、倒挂椽"。

孤柁是指，几间房架只使用一架明柁，没有隔断柁和山柁，而且唯一的一架柁还没有二柁，是拱肩柁。是极少有事情。

五间的房架不会出现孤柁，只有二间或三间的房架，并且是封口檐房（半装修房至少有"棒棒柁"或假柁脸），才有发生的可能。二间房不用山柁，只用一架明柁，檩压硬山（山墙无柁，全部砖石到顶叫硬山）。三间房不用山柁，也不用隔断柁，硬山搁檩。

木匠知此讲究，应劝房主增加柁数，以免事后招人非议。

2. 檩的制作

仍以北房三间七檩架（檩长九尺五寸落中，径粗五寸）半装修为模式记述。

（1）砍檩

理想的檩应是通体直顺，周身同圆，只有通过弹线砍刨加工成的"八卦檩"能达到这样标准，做法是把直径五寸以上的檩料，经过弹中线，做中垂线，做切割线等，砍成五寸见方形体（不一定四棱见线）。把五寸宽的各料面中分后再中分，在再中分点上按线弹墨，按线砍去四条棱角，成为八面体。再轻浅砍去八条小棱（叫拨棱），八卦檩就有了糙形。

实际上，把各料面四等份，砍去其中外棱一份，所形成的径粗肯定涨活，超出五寸。准确的方法，把棱面七等份，取其二份作为拨棱准线，但计算过程不如两次中分法快捷易记，拨棱时只要把墨线砍去（不留线）也能符合标准。

木匠砍锯刨凿加工木料时，对墨线有几种用法：

"去线"是沿着墨线加工，并去掉墨线；与"锯线"同意，走锯不偏不倚，线就是锯口，也叫"不留线"。

"留线"，沿线侧加工，把墨线留在欲用的木料上。

"留半线"，把线的一半宽度去掉，另一半留在木料上，也叫"去半线"。

"留白线"，不仅留线，线外更留一线的宽度，形成一条木料本色线——"白线"。

"反留线"，把线留在应去掉的木料上。

"反留白线"，与留白线相反，把白线留在应去掉的木料上。

八卦檩，既费工又费料，普通人家不讲求，檩料大概直顺，粗细适中，木匠用目测方法（冒砍），砍去节包，消除臃肿，两个檩头能做成檩口或檩榫就行了。冒砍，将就材料，还能利用适当的拱弯，防止檩腰承重后向下垂弯（溏腰）。

前檐檩，下有桸，桸下又有门框或间柱支撑着，吃力相对小些，但位在前脸，外观要好，还要做出与桸相吻合的通体平直的檩底，所以不能冒砍。要首先挑选通体直顺，粗度中上等，大小头粗度相近的木料用做前檐檩，并当时就确定它的使用体位和所在房间的位置，弹线单砍。

做檩底的过程与做柁底近似，区别在于檩底要通体平面。选弹背中线，做中垂线并一边九分做两条平行线，檩底宽一寸八分，弹檩底分割线等。确定体位时，要考虑大小头的朝向；檩底和檩背要平直；外露的前脸部分应当饱满，若有平弯、鼓肚朝外等。砍出檩底后，弹檩底宽度线，把宽度以外的多余平面砍圆。

（2）净活

把六根小椽分两组各三根，用绳子捆在小头约半尺多处，叉开大头，做两个三角支架。把砍得的檩料抬起压放在支架上，支架高度应适合刨刮，适合以后画活。

净活内容与净柁同，只是平檩底包括在净活中。吻榫的檩底要用二黉头刨平直，与中垂线成直角。因画檩时先画前檐檩，可把正中前檐檩留到最后平底，净活，留在支架上，减少搬抬次数。

净活和平檩底应由二人操作，既稳妥又快捷。

（3）画檩杆

檩杆的落中长度，也是从地基上比量后取得的。也要在落中线上画认记符号，在长度中分线上做正中符号。

檩落中长九尺五寸，多用十八根椽，椽当约为五寸二分八厘，半当为二寸六分四厘。由两端落中线向里各半当画椽当线。这样，两条檩的对接处，两个半当遇到一起仍是一个整当。

（4）画檩

檩料分为大头和小头，根截是大头。大小头在房梁上的朝向应是一致的，不能随意变动。为充分利用较粗的大头，压山墙的一端只能是小头。二间房架，檩的对接是大头对大头，三间以上房架，就会出现大头对小头。

檩的对接，利用檩口和檩榫的结合，大头较粗些适合做檩口，不易被檩榫撑裂。

行业中有"口不吞日，日不晒根"的规定，用来统一规范檩在使用时的朝向。"日"，太阳。日出东方，日照在南，北房和南房，根截朝西，檩口朝西；东房和西房，根截朝北，檩口朝北。根截对根截时，"口不吞日"在先（口不吞日，又称"晒公不晒母"）。

1）前檐檩

中间儿的前檐檩：

根据截面上已有的中垂线和平行线，弹出檩底中线和宽度线；用檩杆比量檩底，小头留够画榫的长度，点画出两端的落中线和檩长的中分线，并用丁字尺延长为直角线；在中分线与檩底中线相交处，骑中画一寸二分长的扎楔卯线，用檩母在大头落中线向里，骑中线模画出燕尾形檩口，口朝外；在小头落中线向外画檩榫。

翻动檩料，使其脸（同房的前脸）朝上，目测弹一条与檩底的水平线；依靠此线，用丁字尺把落中线和中分线过渡到前脸上，并在中分线上画正中符号。

画檩依靠三条线：檩底中线、檩背中线和水平线，也可不用水平线，但要保证过渡线准确。

翻动檩料，使檩背朝上，重弹中线（因净活时已把中线净掉了）；只过渡落中线，使之绕满檩的一周；用檩杆检验过渡线是否准确，若有误差，可修正过渡线，若无误差随手把檩杆上的椽花套画于檩背上；对应檩底，骑背上中线，在大头画口，在小头画榫。套画椽花叫"点椽花"，画短线而已。

用竹笔在檩背上写明檩的位置"前檐正中（间）"或"东二前檐"。

竹笔，是把笔杆粗细的毛竹棍儿，一端砸出蓬松的纤维头，用它蘸墨写字。荆条棍也可，藤条最好，纤维细而柔韧。

2）东间前檐檩

大头画口，与中间儿前檐檩的小头对接，画法同上。区别是小头"压梢"，压在东山柁上，没有对接檩，不做口榫，只在落中线以外五、六寸（以不出墙为原则）画一盘头线即可。

竹笔写明：东前檐。以下各檩都须注名，不再赘述。

3）西间前檐檩

大头朝东，画榫，与中间儿檐檩的大头对接，小头压梢在西山柁上，仍无口榫，只画截线。

4）脊檩

三条脊檩也应砍檩之前预先选定，粗度中上等（冒砍檩的粗度不一），通体基本直顺，脊面基本平直。若略有拱弯，可拱起朝上，不影响使用，最好不冒砍。

若是冒砍檩，画檩时先弹檩背中线，做中垂线，翻过来檩底朝上，弹檩底中线，然后使用檩杆如前檐檩画口榫、点椽花、画中分线，只是没有中分卯，而是在檩榫正中和压梢正中都画出扎楔卯。

有特殊式样的建筑，使用双脊檩，双脊瓜柱，两檩之上使用"罗锅椽"，这种情况多是因为房脊铺用筒瓦而形成过陇脊（俗称马鞍脊）的缘故。

5）前下襟檩

基本直顺，粗度下等，利于挑起檐椽，若有弯拱，选定檩背时，要目测选择它的侧弯面，以适合柁架的坡度（即房坡的坡度）。可稍做垂直拱起，增加檩的承压力，防止溏腰。画法如脊檩冒砍型。

6）后下襟檩

粗度中等，对直顺要求不高。它的大小头朝向，虽与其他檩相同（朝向不可变动），但它的使用斜面，正与前下襟相反，若安排不周，会出现朝向和斜面掉不过体相的情况，不得不和其他檩调换位置，打乱安排。所以，在挑选前下襟时要同时选出后下襟，提前作全面考虑。

7）前上襟和后上襟檩

上襟檩的承重相对较大，对直顺要求也不高。在若干檩料中，较粗和较弯的多安排在上襟的位置，它们的画法和注意事项一如前后下襟檩。

8）后檐檩

后檐若不使用大椽，它的大部分檩面都隐在后墙内，也叫后土檩。因有墙体支托着，受力也最小，所以是挑在最后剩下的檩。虽然有人干脆不用后檐檩，但它并不是可有可无的，在整个房架中，它起着连固柁尾，"交圈"的作用。一个宗整的圆也叫圈，有了缺口就不是完整。

有个别上襟或后下襟檩，因弯度较大，使檩的通体垂直受力，转移到局部侧弯部位，严重的在立架上檩时，能影响对接檩的体位。可在最弯处的顶部，选好角度，凿一较宽大的卯，选一根硬挺的木棒，一头砍成榫样，打进卯内，另一头搭在上边的檩上，别住向下弯坠的檩弯。这根木棒叫"别力棒"。它的使用须现使现做，不可提前凿卯，不然找不好角度，别力棒可能别不上力。

（5）锯制檩口、榫（如图3-31）

图3-31 檩口、檩榫

把画成的檩料，一头落地，一头抬起，利用捆三脚架剩余的绳子，把檩头兜拧在支架旁，并把绳头掖在绳套和檩之间，用檩坠压住绳子，使绳套结牢，又方便松解。

锯檩口时要盘头，盘头要从两面对锯。方法是：把檩料的中垂线（也是檩口中线）顺拉锯之势放"平"（侧面朝上），沿落中线（也是盘头线）向下锯到檩上中线

（锯半个檩圆），然后把檩料翻过来，仍沿盘头线向下锯另一半檩圆到与前锯对口锯掉檩头为止，这就是"两锯檩"的内容。然后锯檩口的两条斜边线，再换挖锯挖成檩口。

锯檩口二边线时，不论是单头檩母还是双头檩母型，凡檩底"下口"都要"锯线"，而相对的檩背"上口"都要留线。

锯榫时（盘头可一锯到底），与锯"口"相反，凡是檩底都要留线，檩背锯线，这样锯出的口和榫，对接严紧。

压梢的檩头长度，压满山桲碗口即可。压硬山，落中线以外不超过一尺一寸，以免檩头露出墙外，一般墙宽一尺五寸，落中线入墙三寸，余一尺二寸。

（6）凿札楔卯

桲上札楔高约八分，宽约一寸，札楔卯深超过八分，以防顶楔，卯长超过一寸，留有移动余地。

（7）砍制檩底

专指冒砍檩的包括檩底在内的檩头部分（冒砍檩没有预制成的底平面），这个部位（长约一尺）要与桲碗口吻合。

由一人把握檩的一端，使中垂线直立，底部朝上，另一人用锛子把另一端目测砍出檩底平面，并把超宽（一寸八分）部分和超粗（五寸直径）部分砍掉，防止碗口架码。锛成的木面要平光。

用同样的方法，砍制另一端头的檩底，两个檩底应在同一水平面上。

檩榫底面的札楔卯被砍后，深度减少的，二次凿深。

做成的檩堆码在一起，正好检查口与榫的数量是否一致，小心无大错，万一有差错，木架没上房，修正总方便。

3. 柱的制作

柱以外形分为圆柱和方柱。

方柱的四条棱是"云头儿"状的圆花线，截面上呈梅花形，因此得名"梅花柱"，多用于廊子的明柱，方柱虽有梅花美称，但制作费工费料，营造者很少采用，讲究的圆柱，要在柱体上做披麻砸灰、油漆等多种技术处理。

制作普通圆柱，净活后（土柱不净活），先确定柱正面（朝房外的一面，包括土柱）若有弯度，鼓面朝外。

画柱时，弹正面中线，做中垂线；弹侧面中线的直角十字线；连接两端面上的十字线，弹另一侧面中线和背面中线。这样，柱体上共有四条中线，上端与桲底海眼十字线相应，下端与地基柱石上的十字线相应，弹明柱侧面中线时要照顾到未来装修时与窗户抱框的结合面饱满。

柱杆的制作很简单，画定柱的设计高度即可。

柱的实际高度，因大柁平水高度不同而不同。如设计高度（柱脚石至柁底）为七尺五寸，四架柁的平水（柁底至平水线高度距离）分别为：明柁六寸，隔断柁五寸，两山柁各四寸。或以隔断柁为标准，那么，隔断柁柱实高七尺五寸，明柁柱高（减一寸）七尺四寸，山柁柱（加一寸）实高七尺六寸。

把实际高度过渡到四个柱面上；上端，线以外画与柁底海眼相符的柱顶榫。

每画一根柱，都要把它的位置名称，如东山前柱、东二后柱等写在柱的背面（体位认定记号）下半截处（不外露字墨）。

盘柱脚时，先从正面锯大约直径的一半时，转柱九十度，再锯到直径的一半深度，再转九十度，完成盘头，这就是"三锯柱子站得稳"的含意。

古时，盘柱脚要盘成"侧脚"使柱顺柁呈"戗捧"之势，今人直盘，但在立架"发正"之后，将柱脚向外磕打出二、三分，使柱脚侧面中线离开柱脚石中线，然后用碎铁片塞紧缝隙，仍成戗撑之势。名曰"磕生脚"，简称"磕生"。

锯柱顶榫时，由于盘头盘掉了端面十字线，可随手用锯对准柱面中线划出端面中线，然后锯榫。

通天柱（如图3-32）。

只是山墙才用，而且民房多不用它。由地基柱石直通脊檩底，承架脊檩。山大柁和二柁都由两个半截的插柁用燕尾榫与通天柱相对接。柱身上的燕尾槽要向上延长柁直径的一倍，而且，延长部不再是燕尾槽，而是与燕尾同宽的卯，安装时先将燕尾榫直着插进卯内，然后向下打入燕尾槽，留下的空卯用木料塞补整齐。

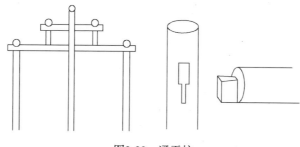

图3-32　通天柱

4. 椽的制作

大椽（即檐椽）和小椽（也叫花椽）都是一次截取成功，截面不要锯成马蹄形。小椽经过去皮，修理直顺即可。大椽经过去皮、修整，出檐的一段要专门净活，大头端面要保持圆正，不要在修整时砍成扁圆。

大椽的长度根据桁的落中长度而定。如：桁中一丈三尺，七檩架分六当，每当约二尺二寸，再加倾斜长和后椽头共七寸，总长五尺，五檩架，每当三尺二寸五分，六尺也够用了。

小椽的长度为檩当长加七寸。

以前，大椽出檐的长度比例为：柱高一尺，出檐三寸，简称"一尺出三寸"，但以前由于尚矮柱，所以这个比例比较合适。后来，人们尚高柱，且越来越高。如上房，以前多在七尺五寸至七尺七寸，最多七尺九寸；后来由七尺九寸长高到八尺一寸、八尺三寸、八尺五寸等。若仍以一尺出三寸的比例出檐，最多可出二尺五寸多。出檐太多，前后两段比例失调，容易造成"奔拉檐"（前檐下坠）。于是，有的木匠根据实践经验，把出檐长度锁定在二尺一寸上，即可协调房架比例，房檐滴水时，水滴刚好掉落在上数第二层台阶外沿下。

所谓出檐长度，是指由前檐檩檩背中线向前伸出的长度，即大椽大头截面至前檐檩檩背中线的长度。

大椽的使用体位，要在钉椽时方能确定（参看立架）。

小椽的使用体位是"上平"，弯椽使用其侧平面，所以可在房下预先完成房上的部分操作，减少高处作业。硬木小椽直接钉钉很困难，而且容易钉裂椽头，可在房下用钻钻出钉孔将透不透，并把钉子钉进，露出钉尖即可，钉椽时就快捷多了。

普通民房用方椽的很少，尤其是椽上加飞子，很讲究的人家才用。

做飞子多是两根联做，把三尺长的方椽取中九寸，画对角斜线，然后锯开，出两根飞子，简称"三尺剪九寸"。

罗锅椽是用一个样板画出来，再用挖锯做成的弯形椽子。

5. 桄的制作

桄料为宽三寸厚一寸八分，长度近于檩落中的刨光方木。

成品桄的两端有燕尾榫与桁头桄窝相对应（如图3-33）。

在桄方的上面儿正中线处，骑中凿有札楔卯并栽立札楔，对应前檐檩底中分线的札楔卯。

画桄叫套桄，要套比桁脸的宽度画出桄的长度。可用手尺子直接量取桁脸宽度直接画桄。为方便多桄的画制，可在一根板条上，按房间顺序，比量画下各桁桁脸的宽度线，然后套画在各桄上，这个板条叫"套退板子"（如图3-34）。

选定桄料的一个较好的宽面作为前脸正面，一个较好的窄面作为桄底，顺房间放好。先在一端（如东端）的上面用檩母画出燕尾榫；使用檩杆（随桄方向），由檩杆

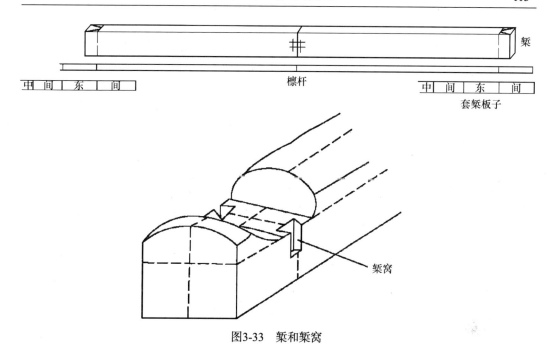

图3-33 檩和檩窝

西	间	中	间	东	间
西山大柁中垂线东侧柁脸宽度	东三大柁中垂线西侧柁脸宽度	东三大柁中垂线东侧柁脸宽度	东二大柁中垂线西侧柁脸宽度	东二大柁中垂线东侧柁脸宽度	东山大柁中垂线西侧柁脸宽度

图3-34 套退板子

东端落中线向里减（退）去套退板上的东山柁中垂线西侧的柁脸宽度后，比齐燕尾榫榫根线。实际操作是：用套退板上的东山柁柁脸的两条宽度线，一线比齐檩杆落中线，一线比齐榫根线，檩杆不动，在檩杆西端落中线向里减（退）去东二大柁中垂线东侧的柁脸宽度后的长度点画在檩的上面儿。实际操作是，把套退板上的应退去的宽度（线）比齐檩杆西端落中线，把另一宽度线过渡画到檩的上面儿，并由此线向外画燕尾榫。檩杆仍不动，把檩杆中分线过渡点画在檩的上面儿，完成套退。在中分点上画札楔卯。在上面儿写明房间位置——东间，在东端写明东（头），西端写西（头）。

然后，过渡中分线于正面儿，并做正中符号；根据檩窝子的深度画榫的深厚线；凿札楔卯；锯榫；在正面儿的下沿，用双线刨起一道通线；然后栽上札楔。

其他各檩，根据所在房间位置，进行长度套退，做法相同。

三间房若外留两个门口，应在中间屋的檩底面，由中分线向两边各一尺四寸，预凿二尺八寸门口的通天框卯；在单间屋的檩底，由中分线向两边各一尺一寸五分，预凿二尺三寸门口的通天框卯。

6. 连檐的制作

连檐是用两寸见方的长料，对角锯开的多根直角三角木对接而成的。总长度为：檩落中长乘房间数，再加两个一尺三寸长的连檐头（如图3-35）。

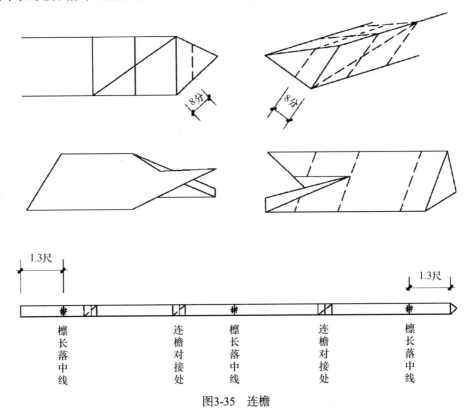

图3-35　连檐

画接连檐，要从一头画起，面对三角木斜面，在斜面上画出一尺四寸的连檐头线，并画上正中符号，写明方向（如东头），用檩杆落中线比齐此线，斜面上过渡椽当线，一根三角木画完，需用另一根对接时，必须赶遇在椽当线上而且要有长出椽当线一寸五分的半个接头，方能画对接榫。对接榫三寸长，它的中分线即椽当线。

第二根三角木先画好对接榫并把榫上的椽当线（中分线）比齐第一根的中分椽当线，分别在榫后空白处画上接头认记符号。然后继续沿檩杆画椽当线，一直画到另一落中线，并画正中符号（已画够了一间房的长度）。

第二根三角木后段应仍有长度，挪动檩杆（或挪动第二根三角木）。继续渡画以后的一段。第二根画到头，仍用前法续接第三根（别忘了画上接头记号），直至画够房间数为止，再另加一尺三寸长的连檐头，并写明方向（如西头）。为防止余剩的最西头一段连檐木太短，可在整条连檐画了一半或多一半时，从西头重新画起，把可能发生的最短一段连檐留给中间部位。

有时连檐头可能超出需要，瓦匠自会要求木匠锯掉长出部分。

每画完一根三角木，要把斜面上的对接榫线过渡到正面上，并画对角斜线，以正面的上棱边为准，垂直（悬空）画八分厚的锯线在斜面上。正面的对角斜线要画成同一方向，不可画反。

锯对接榫时，先锯斜面上的八分厚垂直锯口，再锯正面对角线（垂直锯），翻转三角木，使正面朝下，眼看斜面，用锯方向不许变，垂直锯出底面外角至八分锯口的"口"的斜角。

锯另一相应的对接榫时，仍先锯八分垂直锯口，再锯对角斜线，翻转三角木，使正面朝下，眼看斜面，用锯方向不变，垂直锯出底面外角至八分锯口的"口"的斜角。

连檐应选用软质木料，易钉钉子，若木质较硬，可钻钉孔，防止把三角木钉裂，尤其接榫处。

7. 门框的制作

门框分两种，一种叫通天框，上端直通槫底，直通桁底的叫扒桁框，有顶门窗。一种叫扒墙框（如图3-36），上端上槛封顶（或有顶门窗）槛头长出门口，且固定在墙内，封口檐房用扒墙框。

主门宽二尺八寸，非主门宽二尺三寸，高度都是五尺二寸。

下槛（即门槛）长度根据门口宽度和门框宽度而定，外加各一寸多的两个端头。厚度一寸八分，与槫同厚，其他框料同此。宽度（门槛高）为门墩高度另加一寸五分

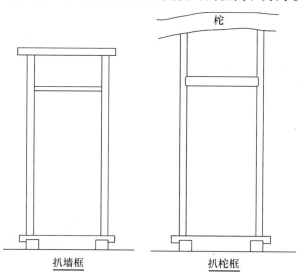

扒墙框　　　　　　扒桁框

图3-36　门框

至一寸八分。

　　凡方料都须选择比较好的相邻两面儿做为正面，画活都以正面为基准，反使材料（把较差的料面做正面）是大缺点。

　　选出门槛的一个宽面作为前面儿，一个窄面作为上面儿（两个正面）。先把上面儿中分（中分线过渡到前面儿，并画正中符号）后，画出门口宽度线，线外各画门框（宽度）下榫的卯线；把卯的外线过渡到前面儿，并向里点记门墩宽度线后，退回一寸（用来嵌进门墩内侧的槽）画锯割线，锯割后即可嵌进门墩，凿门框下榫的卯。

　　（满装修的下槛是通槛，二端嵌进柱子的底部）。

　　门墩（如图3-37）。半尺左右宽（高）的门槛（不指通槛）独自是站不稳的，所以，必须配有门墩（门墩一般为木质，院门或用石门墩）（如图3-38）。

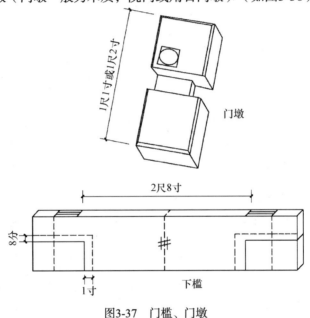

图3-37　门槛、门墩

　　门墩的长度与坎墙的厚度相同（一尺二寸），最短一尺一寸，宽度和厚度（高度）随门口的大小而不同，比例要协调，大屋主门可宽五寸厚四寸，单间小屋可小些。

　　前端露头五寸，向里画门槛槽，上面槽深八分，内侧槽深一寸；后段距槽后线二分，距外侧面九分，画直径一寸八分的门轴圆槽（子口门没有门轴，不凿门轴槽），左右门墩对称。最后把门墩上面儿的前、后及内侧的棱刨成美观的坡棱。

　　门框，主门门框宽可四寸，小间屋可三寸五分。长度，根据柱高，大柁平水和门槛高等算出荒长。先画出下榫；榫根线向上五尺二寸，向上画上槛的卯（内侧面）；外侧面三尺坎墙高减门槛高，向上画腰槛的卯（此卯只是暂定卯，待做门窗时再按实际需要最后确定之，但相差不会太大）；这时的门框实际总长度暂不确定，留待立架，宽房时模画确定。最后，在门框的正面的内棱和外棱起双线（外棱的双线由坎墙向下的一段不起）。

上槛，上槛的正面两边棱都起有双线，宽度不小于门框宽，长度为门口宽外加两个榫各五分长（双线儿的宽度）。榫的外皮锯有斜抹角"瓢尖"，斜抹角是五分正方的对角线，可用活角尺画。瓢尖之"尖"为薄刃，根部厚度是双线的外线深度。与瓢尖相对的门框卯的双线上，也画成斜角，锯角后用凿子剔除双线的圆棱，剔除应到位不可涨活，以免撑坏瓢尖。

图3-38　门墩、门轴头

8. 后窗、后门、墙厨及过木的制作

三间房或五间房，后窗都留在两边间的后墙上。里口长一尺七寸，高一尺二、三寸，窗棂当不大于二寸三分为好，横二竖七，属"一模三件"式扒墙卧窗。

若有后门可少用一个后窗。后门是扒墙框，门宽二尺三寸。

凡扒墙式门或窗，上框之上须用过（梁）木或过梁石搭于两边的墙垛上，过木（石）之上继续砌墙。过木是由几根硬杂原木拼凑一起，与墙同宽。每根过木冒砍四面，底面能搭在墙上平稳，上面儿能砌摆砖石，相邻过木之间的缝隙应能不漏灰泥。

若有墙厨也须用过梁。墙厨只是个框架，砌在墙上，正面与墙面平，应刨光净活。做厨门留待装修门窗时。

9. 立架

立架是立起房架，组装房架的简称。一般立架之日也是砌墙起房之日。

立架前要备好戗木、麻刀绳和摽棍。每柁六根戗木，其中四根捧戗（又称龙门戗），分为两组，每组两根，分别斜搭在前后柁头的邻近处，限制柁柱的横向倾倒；两根顺戗（又称迎门戗），同在柁的一侧，一根朝前，一根朝后，交叉斜撑着，限制柁、柱的纵向倾移。麻刀绳先用来捆绑戗木，事后剁碎，拌在灰膏中抹墙。光用麻刀绳是捆不紧戗木的，要用摽棍把绳套拧紧，拧紧后用麻刀绳余头把摽棍顺拧紧方向勒住捆牢在戗木上，不使松动。

立架时要按各构件的名称记号认准位置。

立柁：（立柱与立柁同步进行）先把二柁从大柁上取下，把大柁按写明的位置摆放在地基上，由二人各扶抱前后柁柱（写字面朝里）柱脚中线对准柱石十字中线；多人站在临时搭起的脚架上，抬起大柁，柁底海眼落入柱顶榫；先搭靠捧戗木，捆牢，然后靠绑顺戗。戗木绑好之前，抱柱人一定要抱稳柱子，以免发生意外，戗木梆好后，用二人爬上大柁，把二柁装好，并用一根麻刀绳把二柁拦腰捆拢在大柁上，防止倒下。多柁立起后，把各柁（柱）大概"发正"然后装檩。

装檩：装檩先装四圈，即先装前檐和后檐，四圈交合，房架稳固，装前檐檩前先装桀，装桀可不按顺序，安装即可。装同列檩要从边间装起，先装单榫檩，札楔认卯（南、北房先装西间的，东、西房先装北间的），继而依次顺序，直到另一边间。

因檩榫和檩口都是上小下大梯形，只能用口去套榫，反了套不上。装正中脊檩（上梁）时，要把与榫对接的檩（檩口檩）先托起，放好"正中"然后再把对接口套上。

"上梁"后，再次发正，这是最后确定木架准正的操作。先把各柱的四条中线，

上端对正海眼十字线，下端对正柱石十字线；"吊线"瞄对柱的正面中线若有误差，可或左或右挪动同列所有捧戗；瞄对侧面中线，或前或后挪动本柁的顺戗，使各柁柱达到直立标准。前、后柱都须经过吊线发正。还应检查各柁在房柱上的立直情况，检查二柁在大柁上的立直情况，如有不妥，及时纠正。

发正后，要把各戗木戳地的一端压顶牢固，不使自动移位，以防"走架"。

发正后"磕生"，用斧头把各柱脚向外磕打，离开中线二、三分，山柱柱脚要沿对角方向磕生，这样，柱子就像人叉开两腿一样站得更稳。最后用碎铁（锅片）把磕出的缝隙塞实。

钉檐椽：钉檐椽要考虑出檐的长度和挑起的高度，出檐太多，瓦匠不好做活，山墙前脸的砖池子向外陡斜太大，追随出檐困难。"瞅不瞅，一合手"这是瓦木匠之间的关照处。

挑起高度是指檐椽随房坡翘起的程度。高度的把握，决定于两种因素。一是要维持抽襟长脊使房坡出现"儀"的效果，二是看椽料的粗细直顺程度，要照顾到大多数椽的使用。民用大椽绝少笔直同粗，而檩的大头和小头粗细有差，直接影响檐椽大头的平列，所以钉椽时须利用椽体的弯度，以保证前端截面上平，即美观又利于钉连檐。

操作方法，在若干大椽中挑选出中上等粗细，中下等弯度的二根，画出檐长度线。一人在房架的一端（山柁处）将其中一根长度线对准檩背中线并转动椽体。实际模比挑起的高度，一人在房下帮助目测，选定适当高度后，将此椽小头钉于前下襟檩椽花线上。房下人用一长杆，下端立于地基外沿上，上端量比椽的截面上沿，由房上人画高度线；然后二人到房架另一端，用另一根椽，比照杆上的高度线，与前一根椽挑起同高，将椽钉好。

在钉好的两椽前端上沿各钉一枚钉子，拴上线绳并绷直，其余大椽即以此线为准，确定挑起高度。钉时可转动椽体，利用椽的粗细和弯曲，寻找椽头上沿与线绳同高的点。

为防止绷直的线绳拉动标准椽，可用钉子紧贴椽的内侧钉于前檐檩上，挡住标准椽位移。钉檐椽用的钉子长度，根据椽的直径而定，一般用四至五英寸长。

标准大椽挑起不可过高，造成其他椽追高困难，也造成房坡儀头过大，宛房时还要填囊。但也不可挑低，低了难看，尤其奔拉檐更难看。

钉连檐：连檐的作用是：横连椽的大头，封固椽当，挡住苇箔外露。并使滴水檐底平齐划一。

钉好全部大椽后即钉连檐，用钉长度二点五英寸。由三人操作，从一头开始。一人钉钉，一人把握连檐使之直顺，一人在房下用木杠顶住悬空的椽头。连檐正面距椽头约一寸名曰"雀台"，可用钉连檐的斧子比量，一斧顶宽即可。每椽都钉在三角木斜面的椽当线上，一枚钉即可，连檐接头可多加一钉。

钉好连檐，整檐大椽都靠椽小头的钉子挂在前下襟檩上，与房架总体不牢，隔三差五地将椽腰钉牢在前檐檩上，是为"牢架"，可防整檐大椽横向（前端）移动。

钉小椽： 要利用椽的粗细不同来填补檩坡面的高低不平，高处钉细椽，低处钉粗椽，使整体椽面尽量平坦。对于弯椽，把同向弯曲的数根相邻排钉，对反向弯曲者，中间用直椽隔开，不可逆向相对，造成椽当宽大又难看。

钉小椽，多从脊檩一端开始，可同时钉脊的两面，椽压檩当线。还可捎带钉前坡下掛椽。下掛椽紧贴上掛椽大头和檐椽的小头，并且在它们的同一侧。后坡的另两掛椽，排放同此，不可乱位，以免挤掉房架另一端的最后一根椽的位置。

小椽也须牢架，把大头钉在檩上，每间房二、三根，可边钉椽边牢架。

钉完小椽，整个房架基本组装完成，瓦匠们砌好墙，即在椽上铺放苇箔，准备宽房顶。这时要在房内检查小椽的情况，把可能碰动的椽复位。

宽房之初，因檐椽前段悬空，受泥瓦重量后，会造成整檐大椽下撅倾翻，钉大椽和牢架的钉子一般透过椽体一寸五至二寸，粗椽透过更少，承受不住前端悬空的杠杆力。可用粗长绳掛套在檐椽小头上，垂至近地，以重物压之，名曰打坠。三间房最少二坠，五间房最少三坠。打坠由瓦匠实施。

安装通天框： 宽房至半坡时，前檐檩和桼承受了一定压力，即可安装通天框。

先把门槛（连着门墩）放在桼下门口垂直位置，把门框立在门槛上，实际比量并画出到桼底的高度线，此线以上画五分长的上榫（带瓢尖）。

由于榫的长度超过了桼底，直着安装门框是不行的。可将门槛由桼下垂直位置向外挪到地基前沿处，把门框连同上槛，与门槛倾斜着装联在一起，上榫对准桼底卯，注意保护瓢尖，向里磕打门墩，使门槛连同门框和上槛一起回到垂直位置，上、下榫会随着由斜而正进入卯内。最后吊线发正，确定门口直正。

还有一法，门槛卯以外有一寸多的余头，可把余头凿满，使端头豁开。门槛在桼下垂直位置不动，把门框上榫（只能是外角）装进桼底卯，下榫（只能是内角）装进豁口，磕打门框下端外侧，即可使门框由斜而正，整榫入卯。按另一只框时，将上槛联装。然后用钉子钉在豁槽内，挡住门框退移。最后发正。

安装通天框，是立架的最后一项工作。其后是门窗装修阶段。

戗木由瓦匠解除，墙体垒砌过半时，可解撤部分戗木，其后随着墙体增高（墙体已能撑挤住房柱，不至发生走架），再逐渐撤除其他戗木。但最终要保留通屋明柁的顺戗（明柁前柱为明柱，没有墙体保护），到房子建成，墙体干固时，方可彻底拆除。

第三节 门窗的制作

打做木架和打做门窗，是两次阶段性的工作。立架、苫顶房子口朝下，只完成了前段工作，待墙体干固，方打做门窗。用若干门扇和窗扇与边框结合在一起，把敞着的口封装起来，才最后完成建造。

"扇"活分为 活动式和固定式。活动的叫活扇，可以开启关闭，固定的叫死扇，不能开关。"扇"以外的四框叫做"口"或"套"。门口、窗户口专指容纳"扇"的空间。"扇"和"套"的木料厚度，又使"口"有里口和外口之分，"扇"的外口即是"套"的里口。

现代的门窗，多用平板玻璃装饰，一次装成，多年使用，即省事又亮堂。过去，玻璃属稀罕物，民间使用更少。前脸门窗，以坎墙高度为界限，下部密封，上部用窗棂，以便糊贴窗纸。

无论是满装修、半装修或是几种形式的结合，虽然形式多样，但打做技术基本大同小异。

一、插　圈

口朝下的房子前脸，除桊和门框方正以外，柱身和坎墙上面儿都不是规则的平面。首先把每间屋的前脸装成方正规则的四框（口），是为插圈（如图3-39）。用料的厚度与桊和门框相同。

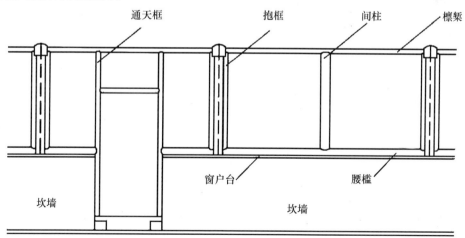

图3-39　插圈

1. 腰槛

腰槛宽三寸，正面的上棱边起有双线（抱框、间柱，凡前脸构成“口”的正面“口”棱都起双线，不再赘述）。无门的房间是通槛，长度近于檩长，镶卡在两明柱之间。有门的房间，门口两边各是一个短槛。短槛一端插入门框上的半卯，一端卡进明柱上的坡槽。

先把坎墙以上三寸以内的两个柱身，骑侧面中线凿四分宽五分深的卯。任选一个柱身卯，向上坡式延长约四寸，直至浅出柱面成坡槽（短槛结合柱身的一端必凿坡槽）。把腰槛料放在坎墙上，实际比量好长度并向外画榫。接柱的榫的两侧扒皮不可锯掉，而是比量柱身圆面，锯出坡刃“扒（读爬）尖”包裹柱面。然后把做好榫的腰槛，一端插进三寸的柱卯（或门框卯、短槛），另一端由坡槽由上而下打入到接触坎墙。

将弯尺立在槛的上面儿，吊线使其成水平状态。几间房的腰槛上面儿，最好都在一条平线上。还应照顾到与槼底的平行。

量取槛底（包括正面和背面）与坎墙之间最大的缝隙宽度；以此宽度做一个叉板，在槛的正面和背面用同一叉板分别画线。

叉板是临时砍做的前宽后窄，前薄后厚的铲状木片，铲刃的宽度即是最大缝隙宽度，必须准确。画线时，铲面贴着槛面，一个铲角沿坎墙上面儿走动，画签蘸墨随另一铲角走动，即可在槛面上画出与最大缝隙同宽，与坎墙上面儿同形的线。

画线后，取下腰槛，用扁铲剔去叉线以下的槛料，槛底略成虚空，边沿稍成坡刃状，净活后把槛装回原处，严丝合缝地吻合在坎墙上。

短槛与门框的结合榫要使用割掉上角的瓢尖，卯榫空宽处，用木楔塞实。

立架时，因磕生而使柱身少许倾斜，但不影响侧面中线的利用。

2. 抱框

抱框或为包框，抱在柱上并把柱面包严。

抱框与腰槛成直角竖立，上端与槼、下端与腰槛结合处都做割掉一角的瓢尖。结合处可采用榫式，上卯下坡槽安装。也可无榫只做瓢尖。用钉子贯穿框宽钉在柱上，方法简便。

抱框与柱身的结合，用叉板画线，画法与腰槛相似。腰槛下面多是条石铺的窗台底，基本是平的。而柱面呈圆坡形，做叉板时，要量取抱框前后两面儿与柱坡的最大平直距离。叉线后，要把结合面剔成内凹状，以对应柱面的圆凸形。可用四分凿把结合面先凿成通槽，然后剔之。

成功的抱框宽度，必须超出柁脸的宽度，上端总应有少许宽度平扒在柁肋上，保证交圈。

　　用通槛的房间，若是卧式上支下摘四大扇窗户，要把抱框和间柱的"里口"面高度中分（间柱有二个"里口"）向上向下各凿一寸六分高（窗户边的宽），由背面向前一寸宽（窗户割角后的厚度）的卯，卯宽四分深八分，待安装窗户时，由中分线锯开，下一寸六是开口四分槽，用来插入下扇上窗边的榫头，上一寸六锯剔去卯的后帮，成一方豁，用来吻进上扇下窗边的料头。

　　若是两立（死扇）两卧式上支下摘窗户，卯槽做在两间柱上，抱框不做。

　　用短槛的房间，抱框的宽度，必须使两个抱门窗户同宽对称，不出现一宽一窄的结果。所以，叉活时要同时以两个抱框的最大距柱间隙制定叉板。经验要求，预先根据两桡脸的宽度差，来安排宽窄不同的抱框料的位置。

3. 间柱

　　间柱指立于通槛上，两抱框之间的柱，用它分隔宽阔之"口"，安装门窗。

　　间柱分为双柱和单柱。一"口"三分必是双柱，柱宽不大于腰槛。单柱应宽于腰槛一寸以上。

　　间柱的安装采用上卯下坡槽法。若桡腰因受力下垂，可另用一木将桡腰顶起，然后安装，尽量使"口"方正。半装修的间柱上下各做瓢尖。满装修因下槛不起线儿，所以间柱和抱框的下端不做瓢尖。总以交圈为是。

二、窗户的制作

　　半装修，坎墙以上的窗户分立式（长边竖立）和卧式（长边横卧）。窗扇的四框叫窗户边，其中短边也叫窗户枵头，边宽一寸六分，厚一寸三分，正面里口棱上起有三分宽一分深的"单线儿"。窗边之间为卯榫结合，长边上凿卯，短边做榫；卯长八分（边宽的一半），四分凿，正面三分厚的割角，割角为一寸六分边宽的对角，搬活尺画出。总扒皮五分，割角与榫之间有二分的夹心，锯开后用凿子剔去。成功后的窗扇净活后即可安装。

　　立式活窗窄而长，多在扇的下部加设一个短边（腰枵头），两短边之间镶填薄木板（装板）。腰枵头与长边的结合为整榫，割角为两对角线的交叉，正面两棱各起单线儿。

　　卧式活窗，常是上下扇，其中上扇用合页吊装在桡上（早先用透轳辘吊装），可开关支起。下窗边两端各有八分长的"挡头"，关窗后进入抱框和间柱腰上的方豁，挡柱窗扇不使外出；抱框和间柱上各钉有可扭转的"划子"，划住上扇不使向里自开。下扇与腰槛间做有两个札楔，栽在下窗边上；上窗边的两端做有与抱框和间柱四分腰槽相应，长出窗扇的出头榫；安装时，先支起上扇，然后把出头榫平推纳入上扇挡头的方豁，下边札楔对卯，向下按压窗扇，使札楔入卯，出头榫入槽，摘下窗扇时，先向上提起，而后横向摘出。此为上支下摘。

窗芯由窗棂组成。窗棂正面六分宽，侧面八分宽，称为六八分，也有五八分的。互相交结，整芯板平。与窗边榫卯结合，背面板平，窗纸糊在背面。刨制窗棂，要方正平直，尺寸准确，尤其六分宽度不可涨活或亏活，以免芯面因撑挤而不平，或两棂交结有缝隙。

风窗（或封窗）。风窗属子口式窗。多为固定式（也可活动式），钉在活窗上扇之外，严密地嵌进"口"内，遮封住里层窗扇与"口"的缝隙，挡住冬天的冷风吹进屋里；夏季，把窗纱绷钉在风窗上，挡住蚊蝇，打开里层窗扇，可使室内通风。

风窗的四框和窗芯用料，六八分的窗棂即可，只是八分面为前脸正面，六分面为侧面。这样，风窗的厚度加上里层窗扇的厚度，等于抱框等的厚度，安装后与插圈各框相平。因框边起有双线，风窗略高出框边，可把风窗四框的外棱坡倒。

风窗属于前脸明窗，窗芯可用三根棂盘肠或套菱角之类的简单样式，但大多采用最简单的四方格（用棂一横二竖）。用料体大，样式繁复都会影响采光，不秀气，不中看。

三、扇活窗芯

窗芯的样式，或正或斜或正斜结合，或配以"云头"，或雕做"卡花"，棂面或平或凸或凹或起花线，千姿百态，花样繁多。

花样的选择，应根据窗扇的位置、窗芯的大小、房屋的档次、装修的规模等而决定，总要搭配合理，整体协调，即结实耐用，又美观大方。

1. 四方格（如图3-40）

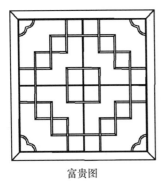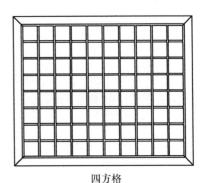

富贵图　　　　　　　　富贵图　　　　　　　　四方格

图3-40　窗芯图样

是最简单易做的样式，也叫"豆腐块"，由横竖直交的通棂组成，竖棂的根数取单，横棂不限。横竖相交处，一反一正各锯剔成六分宽四分深（八分的一半）的豁口——反正口（如图3-41），然后相互叠压镶卡，棂面相平。两端用四分榫与窗边组结。

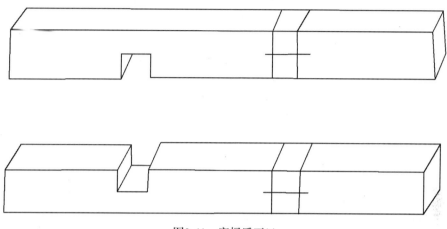

图3-41　窗棂反正口

"断横不断竖，竖棂断背后"是做反正口的规定，包括"掐腰子"活儿。

做时，先在窗扇的横边和竖边的里口面上各画分棂当（排当），棂当的计算法是，窗扇的里口长度减去窗棂根数的总宽度（如五根棂总宽三寸），然后除以当数（根数加一，如五根棂为六当）。排当时，可用中分法，或用"一尺轰"，或两种的结合。所谓"一尺轰"，是从一端开始，两当夹一棂，顺排到另一端。此法可省去多次计算，但常常要"轰"两次或多次。

分当后应检验准确度：用过渡了当儿线的窗边两根，把其中一根的两端调换方向后，仍比齐另一根（原始标准窗边），看所有当儿线是否对齐，不齐为不准。

标准窗边过渡其他窗边或窗棂时，可多根同时过渡。

窗扇组装完成并净活后，用六分钉把反正口结合处钉牢。

2. 一模三件

此样式多用于两扇位置对称的立式窗户，如抱门窗。制作方法与四方格大体相同，只是横棂之间不再是均匀的当距，而是在竖棂的中间和上下两端各成两个方格（见图3-10），实际上是四方格抽减横棂的结果。

它的横棂和竖棂，都分别是规格一致的通棂。可把二寸板材（实厚一寸九分多）的大面儿八分下线或把寸板的大面儿二寸下线，破成小料，四面刨光后，连体做反正口和端榫，然后锯开，每小料可出三根单棂，再把锯割面刨光，即是成品，减少了逐棂加工的工序。"一模三件"之名或许源此。

锯连体小料时，要用画签"溜"线，以保锯线精细，并且要照顾到中心棂两面锯口的损耗。

锯反正口时，应先做少量的试验，把握好松紧度后，再进行批量加工。

3. 步步锦

此样式典雅大方，不奢不俗，是门窗采用最多的一种。富贵人家用之不俗，一般人家也做得起。

窗棂组合仍属直角正交。因窗棂正面被盖面刨子刨圆，它的组结技术不同于前二种样式。

窗棂，通棂少，短棂多，最短的叫"矮佬儿"，只有一当儿长。另有"卡子花"可代替矮佬儿。卡子花有多种花样，如"工字"、"半工字"、"圆环"、"套环"、"芝草"等。"卡子花，一寸八"，它们所镶卡的棂当最小为一寸八分。卡花在窗芯中只是点缀。

与窗边相接的短棂仍用断去后膀的四分榫，榫长四分即可；通棂多用一寸六分长的透榫，以加强整个窗扇的组合强度。

两棂丁字形结合，用二分榫，榫长不超过三分，正面瓢尖可盖住相接棂的半个盖面。

窗棂十字形结合时，要做"过河腰子"，按规定断横不断竖，竖棂背面做口，正面"掐腰"。

画横棂正面腰子口时，把六分宽棂当儿中分为两个三分当儿，用活角尺取三分线与六分线的对角线，并分别搭靠棂的两个侧面，画出两组交叉斜线在两个三分当儿内，作为腰子口的锯割线，同时也是认记符号，见此线形即知是腰子口（如图3-42）。

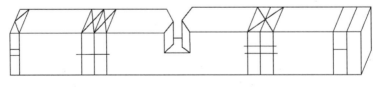

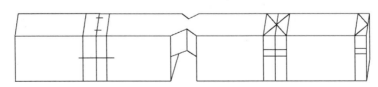

图3-42　掐腰子反正口

四条斜线各锯之，深四分（画有四分线），盖面后用凿子把口的中芯剔空铲平。

画竖榥的腰子，仍画六分宽榥当儿的中分线，并过渡到榥的两个侧面上，背面只过渡六分当线。在正面中分线上，由两侧面各向里一分半，画短线记。"掐"腰子时，把侧面中分线各锯到短线记深。背面"口"锯到四分线深。盖面后，先把背面"口"剔成，然后用斜刀子分别齐侧面六分线斜铲至中心线短线记，即成四分厚（八分面的一半）窄腰。

腰子与腰子口应结合严实，松紧适中，铲好一个腰子后，可与口试装，认准腰形的深浅程度，再批量铲做。

丁字形结合的窗榥，正面画六分当的交叉对角线，是榫带瓢尖的认记线，可两根榥联做，由交叉点截断，一分为二出两个榫。榫长三分，厚二分，三分扒皮。瓢尖要在锯出斜尖，断后膀盖面，联榥断开露出截面后，和榫一起锯出。因榫小量多，瓢尖精细刃薄，可做一专用小卡口，把一根废榥八分面上锯剔出六分宽、四分深的豁口，伸出板沿寸许钉在楞板上，窗榥竖着卡进豁口，即可竖榫平锯，近距离看线。瓢尖刃无画线，冒锯由盖面的半圆形弓顶开刃尖，斜锯至弦根，并锯出二分榫，然后把瓢尖和榫之间的夹心用二分凿或钢丝锯剔除。

做好的瓢尖，正面半圆尖角，偏面偏刃形。葫芦中分后是瓢，瓢尖有瓢形。

与榫对接的卯应深于三分，以免顶榫。

窗芯的种种花样，其实都是在"四方格"的格式基础上，经过加榥减榥，空当断当变化而成的。

步步锦，竖榥五根、横榥七根（简称五七根），空当断当参差但有序。一般加榥仅至横七竖七（七根七根），再多稍显宽散。榥间当距，以二寸正负一分为佳。若当距较宽，可增加一当，变中心竖榥一根为二根，名曰"双顶心"，多用于立式窗。

单顶心用于立式窗还可上下联做（见图3-13）用于卧式窗可横向联做（见图3-9）

窗芯外圈若用通榥相交，"腰子过河"，窗榥间会出现两个四方块并列，为保持应有的参差序列，须挪动一些矮佬儿的位置，把通榥外的矮佬儿，经过另次计算（榥间距减去矮佬儿总宽度后均分），重新排当定位。这个方法叫"矮佬搬家"。"搬家"后的窗芯，仍给人不紊的视感（见图3-13，抱门窗最外层矮佬儿）。

步步锦及以后的各样式窗芯，画活时应先画出小样，按小样逐榥画之，随画随在小样上画消除记号。

4. 灯笼框

（见图3-13门芯）此类样式除掐腰子外，还使用割角技术。

两榥成弯尺形相交时，端榫须做割角。割角为六分当线的对角线，由正面三分扒皮是割角的厚度。

结合处，如果横棂全部画榫，那么竖棂都画夹口，以免差错。锯割时，可做成直榫和直口，也可外侧锯线内侧留线做成蒜瓣榫（如图3-43）。

组装时，割角处蘸鳔拼结。

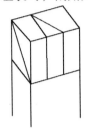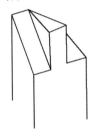

图3-43　蒜瓣榫

5. 正盘肠（如图3-44-1）

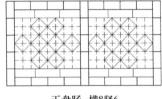

正盘肠　横8竖6

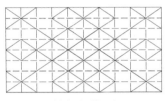

四棂盘肠　横10竖8

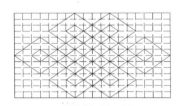

双棂盘肠　横18竖14

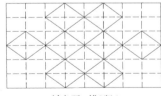

斜盘肠　横8竖6

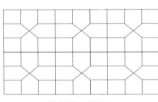

龟背锦　横9竖6

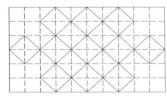

四棂盘肠　横10竖6

图3-44-1　窗户图样

正盘肠本身是个独立体，直角正交，但在窗芯中窗棂斜向。多用于镶填部分窗芯，是芯中之芯。

凡斜活，棂间的长度都由正方形或长方形的对角线而生。正方形的对角线相交仍是直角；长方形的对角线相交是斜角，画活时使用活角尺。为准确量取斜角和斜边长度，可把方形相邻的两条边实样成倍放大，然后套取斜角和长度。

三根棂的正盘肠的图形面为八比六，即横向分八当，竖向分六当，且横竖当距相同。此长度落实在窗棂上，只是六分棂面的中心线，以中心线为标准，另画棂面宽度。

镶装时，把成功的盘肠外角都做成角形榫，与外围窗棂或窗户边的斜角卯相吻合——模画比量。为使角形榫尤其是上下角榫，不切割过大，画活时，可把图形面尺寸缩小二分，然后计算当距，实际上是把盘肠缩小。或把装填面外扩二分，仍按原装填面计算当距。

画棂面割角线时，要注意割角相符。

6. 斜盘肠（见图3-44-1）、套菱角（见图3-44-2）

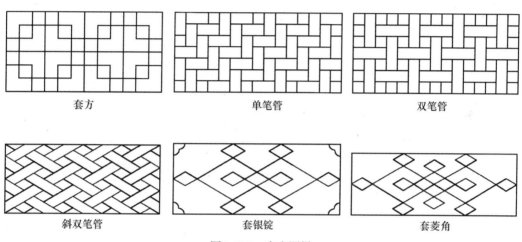

套方　　　　　　单笔管　　　　　　双笔管

斜双笔管　　　　　套银锭　　　　　　套菱角

图3-44-2　窗户图样

格式与正盘肠相同，区别是图形面的横竖当距不同，呈长方形，对角线相交成斜角，过河腰子和割角都是斜的。

斜盘肠更易适应装填空间，不像正盘肠受空间限制横竖当距必须一样长。

7. 龟背锦（见图3-44-1和图3-44-3）

此样式出现了三角相交，其中两棂仍做割角结合，另一棂向内退三分做成卡口，与两棂结合角吻合。棂面打凹的，割角不动，另一棂内退三分做成卡口，对应割角。

组装时，先把割角棂装成，然后卡进另一棂（都须沾鳔），为牢固结合点，可用小钉从割角内角封钉。

图3-44-3　龟背锦

8. 乱劈柴（如图3-45）

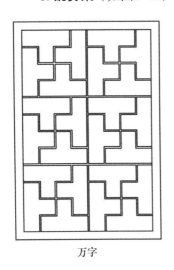

万字

乱劈柴

月亮圆

图3-45　窗芯花样

也叫"五方卡"、"冰裂纹"，制作过程较复杂，除"五方"外，它的图形无固定格式，是用短木棍"摆"出来的。窗棂相交，角度和长度"随意"，窗棂都须逐根模画。

打实样时，把窗芯的实际面积，画一平面物上，先做好一个出头儿的"五方"，摆放在窗芯的适当位置，"五方"的大小决定以后的棍间疏密，要根据窗芯面积适当掌握。然后围绕"五方"，截取长短不同的木棍儿（荆条、柳枝类）连绵外扩摆放，布满整个窗芯面。摆放木棍儿最好不出现明显的平行。不当处可更换木棍儿，调整图案。

将摆好的图形木棍，由外向里一根根拿掉，代之以墨线，最后把"五方"实样用双线模画在图样中，绘成除"五方"外的单线实样图。根据单线的长度和角度，由里向外，逐根模画窗棂，并在每根棂上和实样图上画上相附的记号，以备按号组装。做卯榫时，可将"五方"拆开。

画五边形，方法有四，木匠大多使用第三种。

方法一（如图3-46）：

① 作圆O并作相互垂直的直径AC、BD；

②以OA为直径作圆E；连EB交圆E于F；

③ 以BF长为半径作弧交圆O于G、P，连GP；以GP长在圆O上截取五等份。

方法二（如图3-47）：

①作圆O并作相互相垂直的直径AA′、BB′；

②分别以AB为圆心，直径长为半径画弧相交于C点；

③以OC长在圆O上截取五等份。

方法三（如图3-48）：

① 作圆，并分直径为五等份；

②以直径为半径，分别以A、B为圆心画弧相交于C点；

③连接C和直径上的第二点，延长相交于D点；

④连BD，即为五边之一。

方法四（如图3-49）：

① 作圆O并作互相垂直的直径AC、BD；

② 以C为圆心OC为半径画弧交圆O于E、F两点，连接EF交OC于G点；

③ 以G点为圆心以GD（或GB）为半径画弧，交AO于H点，连接DH；

④ 以DH长截圆成五等份。

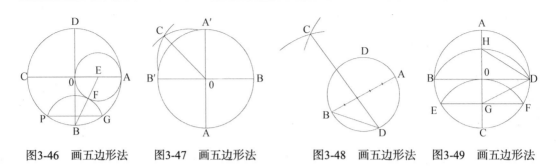

图3-46 画五边形法　　图3-47 画五边形法　　图3-48 画五边形法　图3-49 画五边形法

9. 蚂蚁斜（见图3-11）和筛子底（如图3-50）

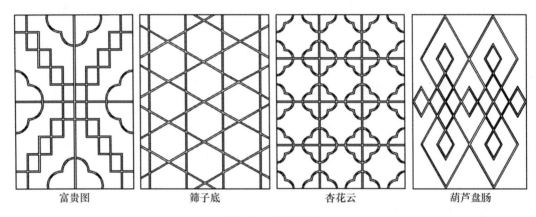

富贵图　　　　　　筛子底　　　　　　杏花云　　　　　葫芦盘肠

图3-50 窗户图样

蚂蚁斜实际上是四方格的斜装，分为正（直角）蚂蚁斜和斜（菱形）蚂蚁斜。蚂蚁者，小也，棂当宜密不宜疏。

筛子底，是在菱形蚂蚁斜的基础上，将菱形分隔成六方，它的图案与竹皮编织成的筛子底一样。

10. 米字花（如图3-51）

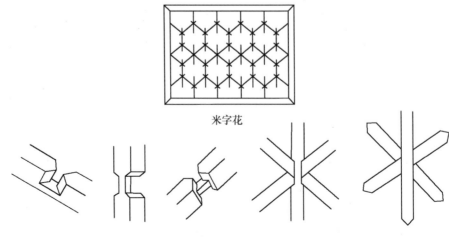

米字花

图3-51 米字花

也叫六方出头，此样式出现三棂过河相交。做腰子时，一棂底面留二分半厚的腰子梗，正面做口；一棂中部留二分半厚腰子梗，底面和正面各做口；竖棂正面留三分厚腰子梗，背面做五分深口。

也可竖棂正面不做腰子，保持盖面原样，斜棂之一开平口，另一斜 棂开腰形口。这种做法的效果只可远看，近看会看出相交处棂面不平。

11. 十字花（如图3-52）

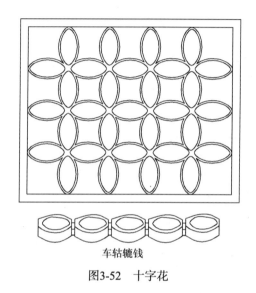

车辊辘钱

图3-52　十字花

也叫车辊辘钱。远看圆环相挽，如古铜线，近看十字花瓣相连，是用八分厚的整条木板绘弧透挖做成。

花瓣的外圆弧长为设计圆的周长的四分之一，分当时取圆的直径的四分之一，作为花瓣的宽度，然后画六分宽的棂面。棂面以内（花瓣的芯）用窄条锯透挖后，手工把棂面盖面，花瓣相连处做成过河腰子，反正口。

画活时，可在硬纸板上画一花瓣样板，剪下后，在画有纵向中分线和横向当线的整条木板上以此模画。

木匠画圆，取圆的半径在一根木条上，钉一枚铁钉在半径点线上，钉尖透出，以钉尖为圆心，画笔贴木条端头（半径另一端）同步旋转，即可做圆。

四、门扇的制作

门——门扇，根据门口的大小和需要，可做成单扇门、双扇门或多扇门。门扇的开闭和安装利用门轴或合页。

门轴开关的，下轴头入门墩上的轴槽，上轴头入"透轱辘"（如图3-53）的轴孔，透轱辘用铁钉横钉在上槛和门框上。

图3-53　透轱辘

双扇门多用"连楹"（如图3-54）。

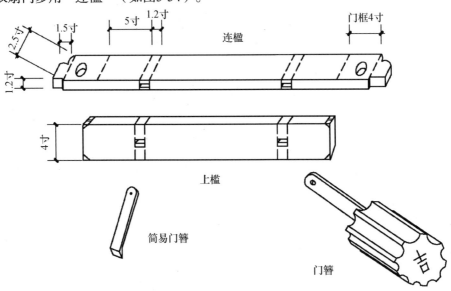

图3-54　连楹、上槛、门簪

由门簪固定在上槛上。上槛凿有门簪卯，长一寸二分，宽八分，其中四分为透卯，穿插簪杆，下四分剔成四分深的斜坡形卯，用来吻进简易门簪的簪头。

简易门簪（如图3-54）用八分厚，一寸二分宽的硬木条做成。簪头四分坡斜后，把八分厚锯开成四分厚簪杆，簪杆头露出"连楹"六分，并做圆角修饰。安装连楹后，用一枚铁钉别住，防止自退。簪头与上槛正面平齐，多余部分锯掉。

院门的门簪比较讲究，用一段圆木做成，依门口宽度可配用两个或四个。簪头突出上槛，长短粗细视门口大小而定。较小的长五寸，径三寸五分，多制作成通体八面凹线形。还可用五分厚木板刻以"吉""祥"等字，粘钉在簪脸上（如图3-54），簪杆也大于简易门簪。簪头阴进上槛二分深。

门的样式，主要有棋盘门、板门和风门几种。

1. 棋盘门（如图3-55）

堂屋或较小的院门常采用双扇棋盘门。用料为硬质木，耐侵蚀，至少门轴框边要用硬木，耐磨损。门扇由两只门边（其中之一是门轴边）、四个枊头（上枊头、上腰枊头、下腰枊头、下枊头）和三块装板组成，立体轮廓似中国象棋棋盘——两方对阵，中间界河。

门边和枊头都是三寸宽、一寸八分厚，凡正面里口棱均起双线。

门轴边的高度为，门墩轴槽底至连营轴孔的上面儿。画活时可模画比量。上轴头一寸七分长，然后再二分向下画上枊头；下轴头一寸二分长，然后再二分向上画下枊头，上下枊头之间的距离中分后，骑中分线向上、向下各二寸五分画上、下腰枊头。

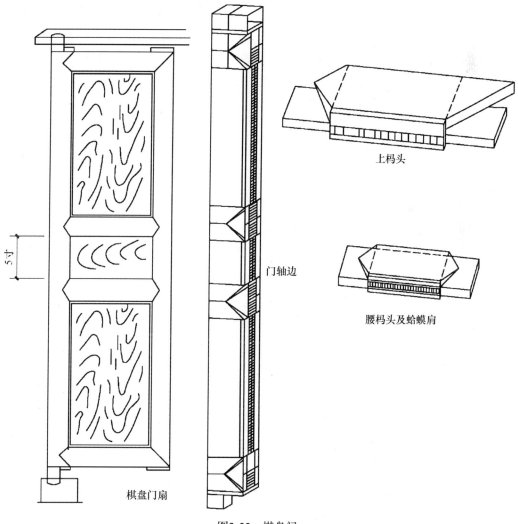

上枊头

腰枊头及蛤蟆肩

5寸

棋盘门扇

门轴边

图3-55　棋盘门

另一门边，可在门轴边画成后，套画过渡，但上下两端枨头以外各留四分甩头（枨头卯之外的料头）。

枨头的长度既是门扇的宽度，为两门墩轴槽的距离（包括轴槽）之一半。

上下枨头与轴边的结合，采用大进小出一半透榫、大割角，六分扒皮（内含三分厚的割角），五分榫厚。"大进"之（半）榫长约六分。

大进小出，如榫宽三寸，只有一寸五分透出，另外的一寸五分为半截榫不透出。

腰枨头的两端都做成蛤蟆肩（见图3-55）。

"蛤蟆肩"正面为木料的大面儿（三寸宽）三寸见方的对角相交线，侧面尖角为刃，肩根厚三分，是造型较大的瓢尖，其形似蛤蟆的嘴巴。

门装板不小于四分厚，装板槽多为三分宽、三分深。安装门板前把装板入槽部分刨成坡形并试装。

装板入槽有两种方法：其一，门边槽为通槽，门枨头槽由两端榫肩线各向里退一寸二分，不凿通，并相应地把装板四角各锯掉长一寸五分（内含三分槽深）宽三分一块，这种方法不伤枨头榫，但若四角锯割后与实际不吻合，会使结合部有缝隙。其二，把门枨头与门边的装板槽都凿成通槽，结果必然伤及枨头榫的榫根部，只好在画活时把三寸宽的腰枨头榫两边各去掉三分宽（槽深）只留二寸四分；上下枨头的透榫部分去掉里边的三分，只留一寸二分；门边上的枨头卯也相应地缩小。榫卯的抽缩会影响组装强度。

门扇组装成功后，把轴边上的轴头修整圆，并把轴边的外侧面随轴头刨成通体半个轴圆，以适合转动。

安装门扇，要在门开之势，使另一门边的四分甩头离开连楹底；先把上轴头插入轴孔，向上的超余活动量能使下轴头与门墩面相平，先平推后下落进入下轴槽，同时使整扇门回落二分。门扇关闭后，上端的四分甩头填补了回落的二分高度，似顶非顶在连楹木的底面，此时若想摘下门扇是不可能的。关闭两扇门，插上门栓，保证了门户的安全，所以棋盘门有个绰号叫"贼不偷"。

2. 穿带板门（如图3-56）

穿带门是用四根木带把门轴边和门板穿连在一起做成的。用硬质木料制作，门扇的正面（外面）为整体平面，似一块整板。屋门和院门都可采用。

门板由几块一寸厚的（院门可适当厚些）通长板材拼接而成，根据门的大小，把板材搭配成套后，弹放认位记号线，板缝之间凿有二道札楔卯；严缝后（门板与门轴边也须严缝和做札楔），栽上札楔；用鳔粘合，并用预先实验好的木卡二道（或三道）夹紧，以保证粘接质量。鳔干后，打开木卡，以正面为准把整块门板刨平，消除弯鼓和皮棱（犄扭）（一般在配板后，应逐块平板整形，以免粘接后出现大面积的不平）。然后即可穿制木带。

较大的院门，门板厚一寸二分（一寸三分）三道札楔卯，粘接时至少用三道木卡。

木带坯料有大小头之分，微成楔形大头宽一寸六分，小头宽一寸三分、厚一寸三分（院门木带要大些）长度要超过门扇宽度二、三寸，上面坡去两棱。

木带槽开在门板的背面，槽深三分（院门四分）截面成燕尾形。燕尾槽的画制：把木带的小头朝向门轴一边，并留出门轴边宽的长度，逐根模画木带的楔形体线在门板上，并画认位记号；由二楔形线各向里约三分，各画一条锯割线；由门板正面向后七分画槽深线（不可由背面向前画三分线）。先用筛锯把燕尾槽开口（锯割线斜至楔形线），再用搂锯把筛锯够不到的中间部分搂通，最后用凿子把槽剔成，用单线刨刨平槽底。

做木带：用单线刨把木带底部两棱的侧面，刨裁成凹进的斜角穿挂，边裁边（认位）试穿，直到与燕尾槽紧紧吻合并符合设计长度为止。退出木带，把小头露出门板部分（六分以外）做成由底面五分厚的单肩榫，以对应门轴边上剔有方豁的穿带卯。最后，用鳔，把门板和门轴边成功穿连。

门轴边用料规格与棋盘门大致相同（较大院门宽可四寸），木带卯可用穿在门板上的木带榫比量后，

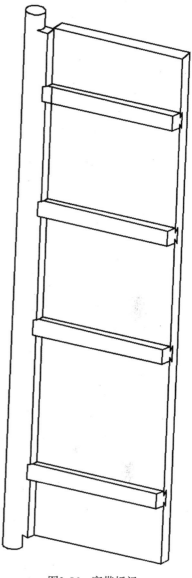

图3-56　穿带板门

最后凿成，各卯的背面线锯后剔做一个六分宽的方豁，以使木带嵌进后，榫肩不与边缝重合，保持木带的横向位置牢固。

上门轴长一寸五分（连楹的厚度另加二分）下门轴长一寸二分，两门轴之间的距离是门板的长度（也可使门板长出二分如棋盘门的另一门边样），安装后的门扇门板与连楹底有二分间隙。

净活，组装成功的门扇，要经过裁边最后确定尺寸，正面刨平。背面把木带大头与门板平齐并锯成坡头；小头与门轴边同平即可。

3. 攒边填芯板门

这种门的四框与棋盘门相似，只是没有腰枨头，上下枨头也不做蛤蟆尖，都是大割角。因门边与装板正面同平，所以也不用起花线。

填芯的装板由数块板材粘接而成，厚度不少于六分，由背面向前做成三分厚的通板榫，嵌进四框上的三分槽。装板背面用两道木带穿连，穿带两端各成整榫与门边上的透卯结合。

成功后的门扇，经过净活，正面成整体平面。

现代的板门，多由上下枨头和三道腰枨头，四块装板组成，或是用整块胶合板将门扇前后两面都封钉平装。并且都是子口式安装在门框上。

4. 风门

过去的风门，主要用作棋盘门或板门的外门。或单扇或双扇。门轴式安装于门墩外头上的门轴槽内，上轴头装进钉在上槛上的木透轱辘或铁制门轴环内。合页（也叫折铁，早先由铁匠打制）最适合子口安装。

门轴式的门扇安装时是贴附在门框之外。子口式的门扇是嵌进门口内的。

做子口有二种方法：一种是安装门扇后，用木条封钉在门口四框上；一种是预先在门框上裁出子口槽。现代只采用第二种。门扇在子口中，有良好的密闭性。

风门腰枨头以下装板填芯，上部用窗棂制作各种图形。

单扇风门（一个门口内一扇门），门边宽三寸，厚一寸三分，上枨头宽三寸，下枨头宽三寸五分，腰枨头宽至少五寸，窗棂多取步步锦样式。

双扇风门（一个门口内两扇门），可取棋盘门形式，门边和枨头都是厚一寸三分宽或二寸。只用一个腰枨头时，上、中、下三个枨头要适当加宽。窗棂可取多种花样。

第四章　其他木活的制作

第一节　棺　材　篇

过去，实行土葬的人们对棺材非常重视。生有房，死有棺，尤其是老年人，有一副上好的棺木，是他对人世的最后期求。孝顺的儿女们，常在老人生前，就做好棺材存放起来，让老人预先看到将来在另一世界的"房子"，放心地安度晚年，并不因这个看似阴森的物件而有所忌讳。还有些老人，自己为自己准备下棺木，免得不测时儿女们临时措办。临时赶制的棺材，工序和技术都会大打折扣，严重影响内在和外观质量。

预做准备存放的棺材，要更早地先期备料。把木料按规格破成板材，码放起来，板块之间支垫些木条树枝之类，形成缝隙，使之通风良好，待自然干燥后使用。湿料或半干料都会造成棺体走形或开裂。

棺材，按外形，可分为直腔棺和鼓腔棺。按用料方法，还有立札棺。但都是一头大，一头小。它的大小比例，是按"二八柳"下料，按"柳三乍四"规则加工的。

"柳"是指板块的宽度和厚度，一头大，一头小，呈柳叶形瘦溜的意思，也有"柳掉""柳去"一部分的意思。

"二八柳"，说的是，一块棺材板大头与小头的条状比例为四比三，小头要柳掉大头尺寸的四分之一。如大头宽八寸，那么小头柳去四分之一后，应宽六寸。同样，大头若厚二寸，那么小头的厚度是大头的四分之三，为一寸五分。

"柳三乍四"，主要指棺材的前后堵头前大后小的规定尺寸，这个尺寸实际上也是按二八柳的比例形成的。

民间的棺材，按底、帮、盖的大头厚度，分为"一二三"（底厚一寸、帮厚二寸、盖厚三寸），"二三四"简称"二四"，"三四五"简称"三五"，还有"四五六"等几种规格。板的厚度是棺材档次和质量的先决条件之一。只具外形，厚度低于"一二三"的，只能算是"薄斗子"。而介于两种规格之间的，即比上一等的薄些，比下等的厚些的，则被称为"硬一二三"或"软二四"、"赖二四"等。

"二八柳"虽是下料的原则，但在实际下线时，并不严格追求绝对的比例。根据原木的实际情况，可适当灵活掌握。为方便记忆和口谈，木匠们常把半寸以下的零头抹去，把板块大头宽八寸，小头宽六寸的，定格为"六八截"（多用于三五规格）。把大头宽七寸，小头宽五寸的定格为"五七截"多用于"二四"规格或"一二三"规格。还有"四六截"，这里的"四"实际上是四寸五分宽，抹去零头后简称的，是最小的规格，只用于"一二三"。以上所说的"截"指的是帮板的宽度。

棺盖的宽度，则是根据前后堵头的上口宽度，两帮的厚度、盖边出沿的多少，以及棺盖起鼓的大小等实际计算出来的。

材板的长度，基本定格。盖板荒长七尺三寸，帮板荒长六尺九寸，足够用了。底板基本随帮板。

下面主要记述鼓腔棺（如图4-1、图4-2）的制作过程和方法。

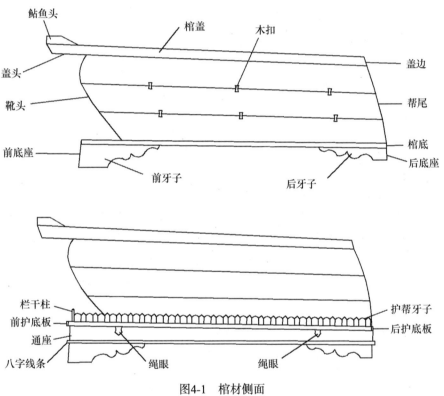

图4-1　棺材侧面

理料配扇。把几块板材按设计要求合理搭配在一起，叫"配扇"，是选料定位的工序。应安排较好的板面做正面（棺体外面）较差的一面做背面（棺腔内面）。棺盖为一扇，两棺帮各是一扇，合称三大扇，每扇各由三块板料拼合而成。棺底和前后二个堵头，是三小扇，用料块数不等。这大小六扇配扇完成后，其他小件用料也应选定。

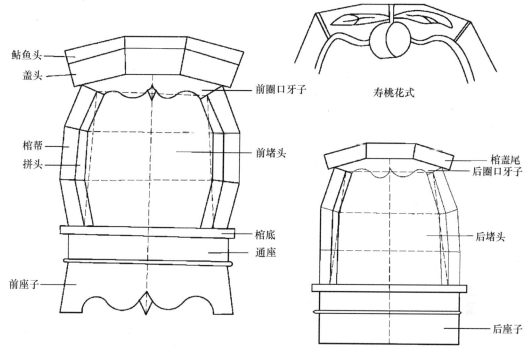

图4-2　棺的前、后面

多块板料拼合时，都要用墨斗在板面上弹做认位线，防止各板错位，线型多做成"∧"形。多组板料拼合时，可增加线数，弹成"爪"等形，或改变弹线的斜度，以示区别，防止各组之间混乱。还应在最下一块板面上画收止线（如图4-3），表示到这块板截止，不再有下一块。

一、棺盖的制作（图4-3）

棺盖配扇时，为使两个盖边外露美观，应选择三块盖料中，外棱面整齐的二块，各放置在左右，棱面较差的夹在中间，中间板的大头应突出左右二板寸许，为的是制作圆弧形盖头时，不无辜浪费板头。然后弹放认位线。

弹放边棱线。因板料在锯制和存放过程中，会出现不规则或变形，所以要在每块板料的正面边棱上，弹放墨线，作为它的实际使用标准线，并在大头截面上，用弯尺画出棱线的垂直线。如果板头正面不平直，不利于搭放弯

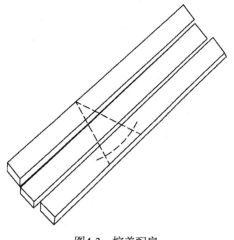

图4-3　棺盖配扇

尺，可先用刨子刨平，然后再搭放弯尺。

画鼓腔斜角线。三块盖料之间形成二道板缝。把原有的直角棱面做成内斜角棱面，拼合后才能形成鼓腔。以盖料大头的厚度为准，每厚一寸，由正面向背面内斜一分，是起鼓的比例标准。画线时，在形成二道板缝的四个棱面上，分别由大头截面上的垂直线下端，横向量取。如料厚三寸，即横量三分，料厚四寸，即横量四分，然后画出横量点与垂直线上端点的斜线。盖料小头截面的斜角线，用照对法画出：一人用手尺比齐大头截面上的斜角线，一人在小头截面上，用手尺子比齐边棱线的后端点，并瞄对大头的手尺边，确定相同的斜度后，画出斜角线。最后把料面翻过来，连接大小头截面上的斜线点，在背面弹放墨线，墨线以外即是被"择"（读"宅"）去的部分。两个盖边棱面不做斜角线，保持直角。

用锛子砍去应择掉的部分，叫砍缝，应留线。用刨子严缝后，把三块板料按认位线横立着临时拼合成扇，此时鼓腔形成（应由二人操作，防止倾倒）。用扇背面的上棱边瞄看扇的下棱边。使之平行。不平行时，可捏挪上板或中间板，名曰捏正。并在盖扇的正面，因捏挪而板面错动而产生的坎坷面上，画上立面定位线。以后画做札楔的扒皮线，就以此线为准。札楔也将这三块板立面定位，使盖扇内面周正不畸扭，行话叫不皮楞。

札楔二道（每缝二个）各画在缝长的大约三分之一处，以不妨碍以后用"扣"为准。由盖料立面的定位线（无定位线处，由正面棱边）八分扒皮（二四板可一寸扒皮），画一寸长札楔卯，用四分凿凿之。札楔卯应与板缝斜面垂直而不是垂直于板面。

（制作内凹与盖扇外鼓面相符的木卡二个备用）把栽上札楔的三块板料拼合成扇，用木卡卡紧后放平（如图4-4）。

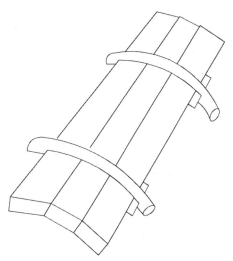

为防止鼓腔空悬盖扇塌落，可塞垫木块于悬空处。这里说明一下，除砍缝、严缝外，三大扇的加工大都是架在两条板凳上进行的。木块也是垫在板凳上的。将预制好的木扣模画在拼缝上，正面每缝三个，内面每缝二个，注意躲开札楔位置，并给每个木扣画上认位记号。

打开木卡，拆散拼合，先锯后剔做成六分深扣窝后，再次拼合，用木卡卡紧，把木扣各按其位砸进扣窝。先砸正面的六个。后砸内面的四个。砸扣以紧结为要。扣头截面不可顶涨扣窝，以免撑开板缝。发生顶涨，只能用凿子

图4-4　木卡拼合

剔毁木扣，重新配扣。砸扣前可先比试一下，把不合处进行修整。扣窝的深度不要超过木扣的厚度，以免木扣入窝后深陷进去，造成盖面坑缺。

砸扣后打去木卡，三块盖板就紧密连结成扇了。

木扣，用硬质木料制作，如槐木、桑木等，一根宽一寸二分，厚六分，长若干的小方木，先锯后砍，可联做多个，然后截成单个木扣。有时（多是扇的内面）形成板缝的两个棱面有较大的先天坡棱，还可做加长木扣（如图4-5）。

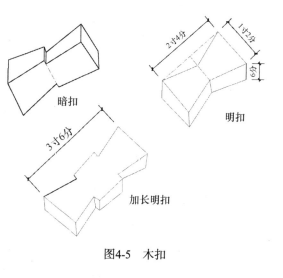

图4-5　木扣

二、棺帮的制作

棺帮的配扇，要左右两扇同时进行。每扇三块板。先弹放各板的边棱线，确定使用宽度，以搭配出左右两帮有相同的宽度。每扇选其中棱面整齐的一块，放在上口，下口棱面可稍差些，更差的夹在中间。配摆时，中间板的大头应前出上口板的板头一寸许，前出下口板二寸许。左右两帮要对称配摆，不可弄成一面顺，然后弹认位线（如图4-6）。

接下来，做边棱线的垂直线，用照对法做斜角线，砍缝、严缝，捏正，做札楔，用木卡临时拼合，画木扣等工序，都与做棺盖的方法一样。区别是，棺盖的左右两缝斜角相同，而棺帮上下两缝斜角不同。上缝按板厚每厚一寸，内斜一分半（如厚二寸，内斜三分）。下缝，每厚一寸内斜一分。以上工作，两帮扇可同步进行，但画做前"靴头"，上下口长度和帮尾线时，只可先画做其中一扇。

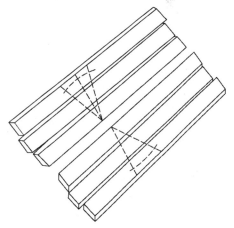

图4-6　棺帮配扇

先画前靴头（注：此时至画堵头槽都是在木卡临时拼合成扇状态下进行的）。靴头形似古人的靴子头而得名。以下口板的前板头横截线为准，在帮扇正面弹放延长线，以此板头下口向后七寸点处，弹放与延长线上端点的斜角连线，以此斜线与板缝相交点为准，量画出上缝向前四寸五分（或五寸），下缝向前三寸，上口板沿向前一寸共三个点位；用弧线连接此三点，下缝点与下沿点基本是直线连接，画成靴头形（如图4-7）。

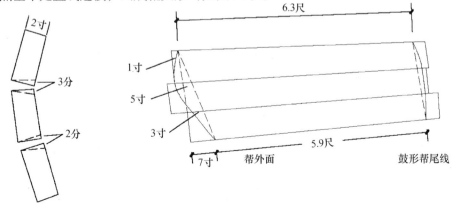

图4-7 "靴头"画线法

量画帮的长度。以靴头的斜连线为准，上口向后六尺三寸，下口向后五尺九寸，连接这二个长度点，弹斜线；以此斜线为准，由上板缝向后七分，下板缝向后一寸，画出二点；连接上沿斜线点至上缝七分点，至下缝一寸点，再至下沿斜线点，画出外鼓形帮尾线（见图4-7）。

棺帮的上下口长度，也可根据帮扇的宽度以及板料的实长做适当调整，上口或可六尺二寸，也许六尺一寸，甚至六尺或更少"五尺半"能装天下汉，五尺半太过分少了，它主要说的是，根据板料的实际情况，可以灵活掌握的意思。下口相应随之。但六尺三寸为上口最大理论长度。不能"量体裁衣"。"六尺三，戴顶子蹬毡"是说，即使身着满族服饰这个长度也够用了。

用大挖锯，由正面向里面内斜三分，锯出截面内斜的前靴头；由正面向里面外斜三分，锯出截面外斜的帮尾。帮扇初具外形。

把成型的一扇，画出前后"拼头"的宽度线（前拼头一寸五分，后拼头一寸二分）后，鼓面朝下，选压在鼓面朝上的另一扇上，比齐下口板棱，滚动，随着滚动的鼓面板位，模画出下扇的靴头线和帮尾线，以及前后拼头宽度线。然后依前扇锯法，锯割成型。这种画法，保证了左右两帮的形体对称和一致。

做棺材，不论三大扇的拼结是否用鳔，都应先做前后堵头。原因一：画两帮上的堵头槽，必须用堵头模画；原因二：除非赶热活，堵头都应用鳔粘结成扇。尤其前堵头，弯鼓较大，常分二次完成粘结，鳔汁干固需要时间。所以在理料配扇工作完成后，即应先着手制作前后堵头，以免影响以后的工序。

堵头板厚一寸至一寸二分即可，严缝前应逐块刨平板面，消除皮楞。

前堵头。板料荒长二尺四寸。平拼总宽度，根据帮扇的宽度，棺盖起鼓的高度，以及自身鼓腔的程度而定，如五七截的帮，应不小于二尺七寸。配扇五块板为宜，上数第一块最宽，六、七寸为好，因它以后要高出棺腔上口，追随棺盖的鼓腔，第四、五块较宽；第二、三块相对较窄，便于制作鼓腔。

　　五块板之间有四道缝，下数第一道缝为直缝，无鼓腔；第二道缝略有鼓腔；第三道缝又大于第二道缝；上缝的鼓腔最大。每道缝的鼓腔大小虽没有标准数据，加工时全凭经验，但它的弯鼓形状要与帮的靴头形状大致相符。是否相符，须用尺量之。"量鼓"由二人操作，一人把扶板扇，一人量之，不协调处重新严缝（如图4-8）。

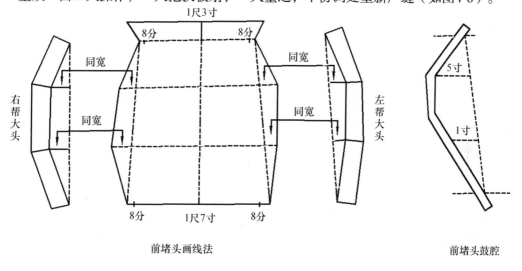

前堵头画线法　　　　　　　　　　前堵头鼓腔

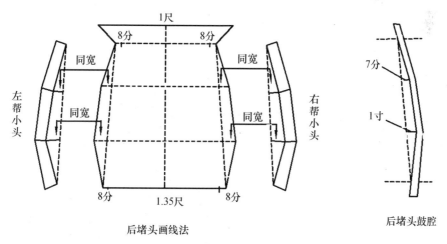

后堵头画线法　　　　　　　　　后堵头鼓腔

图4-8　前、后堵头画线法

　　后堵头。较简单，三块板组成。板料荒长一尺七寸，平拼总宽度一尺七寸。上下二道板缝，上缝鼓腔小些，下缝略大于上缝。它们的总鼓腔（上板沿至下板沿）为一寸二分为宜。

棺帮与堵头的结合，靠的是棺帮上八分深的堵头槽（包括簧口子）和木楔。画槽前要先把堵头锯裁成与棺帮内凹相吻合的形状，然后才好根据堵头板料的厚度和板扇的实际弯鼓形状，实地比量着画出槽的形状。

画做前堵头：把木卡临时拼结的左帮（或右帮，下同）内面朝上平放，把粘结成扇的前堵头左侧，向里留出一寸五分宽的拼头沿，立在棺帮大头上，用堵头的弯鼓大致对应帮靴头的形状，以确定其在帮上的合理位置。堵头下沿应至少宽出帮沿半寸许（加工余地），上沿宽出部分应能补够棺盖鼓腔高度。然后把上、下帮沿，帮内面的上下板缝共四点，模画点记在堵头正面。放倒堵头扇，以扇的下板沿为平行标准，把模画的四点，按其之间宽度，渡画到堵头右侧板头上，并弹出四条平行的连线。把下数第一条线（底线）中分，用弯尺向上做垂直线并延长至第四条线（上线）以上，做出堵头的中轴线。骑中轴线在上线量一尺三寸，在底线量一尺七寸，此即"柳三乍四"之"乍四"。另在此尺寸之外，左右两头各加画八分（入槽深度）。然后连接上线和底线的八分点弹出左右两条斜乍线。用墨绳悬空平搭在棺帮的上下沿簧口子位置，用尺分别量出上下缝与墨绳之间的悬空高度，并相应地渡画到堵头第二道、第三道线的左侧斜乍线之外；连接底线八分点至帮的下缝点，再至上缝点，再至上线八分点，这样就画出了与帮内凹相吻合的线型。锯掉线外的多余（高出上线的部分锯做斜角），堵头左侧画做完成。

用相同的方法，画做堵头右侧（见图4-8）。用做前堵头的方法，画做后堵头。区别是，后堵头上线长一尺（中轴左右各五寸），比前堵头少三寸（即柳三）；底线长一尺三寸六分，然后各加画八分入槽深度。

把锯割成型的堵头，实地比量在棺帮内面，模画出与堵头厚度一致的两条槽线在棺帮上。因堵头与棺帮不是垂直结合，所以比量时不能取垂直体位。打开木卡，拆散帮扇，画出槽深八分线。锯割堵头槽时，帮扇上沿和下沿的槽口处，由内槽线外扩三、五分，锯出半个燕尾形楔槽——簧口子，用来卡进木楔（如图4-9）。用凿子把所有堵头槽和扣窝剔成，再上木卡拼合，砸扣后拆去木卡，左帮扇拼结完成（如图4-9）。

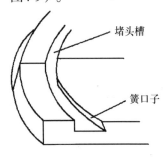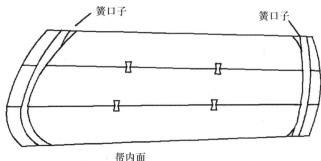

图4-9　堵头槽、簧口子

用左帮的制做法，完成右帮的拼结。

拢腔。把左右两帮与前后堵头组装在一起叫拢腔。拢腔时，把前后堵头各按其位插进堵头槽，并用木楔八个分别打入八处簧口子，松紧度掌握在即能楔住堵头不使松动，又能较容易地退出簧口子。四扇合拢后，要调整腔体。用木杆比量腔体下口的对角，叫量撑角。两对角应长度一致。若长短不一，可松动木楔，调正后再打入。这时应紧些。然后镶拼头。

镶拼头，是把两帮堵头槽以外的宽度，紧贴堵头外壁，用木料加厚封严的工作。它的作用是，增加棺帮截面的厚度以显雄厚，遮掩堵头入槽后的缝隙以显美观，同时也增强堵头槽对堵头的管辖力（如图4-10）。

前拼头板厚可一寸二分，后拼头厚一寸。可做成整块拼头，也可用数块板镶拼而成。正面刨光，用钉子钉在棺帮上。用鳔粘钉更好。钉后，用挖锯沿靴头及帮尾鼓形，锯掉多余。

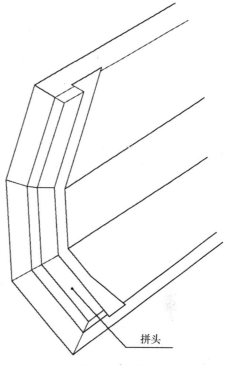

图4-10　拼头

净活。退出木楔，拆散腔体，把前后堵头和两帮的正面，以及帮头截面刨光洁圆润。若需在靴头截面上起半圆线，也应在这时完成，线条六分宽，先用搂锯沿六分线锯三分深，再用扁铲铲成圆线。

钉底。重新拢腔，下口朝上放置，调正后打紧木楔，锯掉高出下口的堵头边和楔头，用眼瞄看两帮沿是否平行，有皮楞现象用刨子消除，同时把偏斜的棱面尽量刨平，以加大与底扇的结合面。

底扇是平扇，无鼓腔，通过配扇、严缝，做二道札楔，最后用木卡粘拼成扇。

把粘结好的底扇上面刨光（下面可不刨光），反扣在平正的腔体下口上，实际比量画出所需面积，前出靴头底九寸，后与帮尾齐，两侧宽出帮沿各六分，呈梯形，锯割后即可钉在腔体下口上。钉前堵头时，用钉方向须顺应堵头的斜度。

棺底较厚时，铁钉的长度不能适应棺底的厚度，可用木销吊装法。把类似暗扣的一端固定在棺帮下口棱面扇上，一端做榫穿过棺底，并破榫用楔外侧面钻孔用横销锁固。

档次稍高的棺材，大都使用"通座"，钉在底扇之下，通座用料虽不多，却可使整个棺体显得高大魁伟，明显提高棺材的外观质量。

通座主体由四块木板组成，板厚一寸至一寸五分均可。前板宽三寸，后板宽二寸五分，两侧板呈大小头，随应前后两板的宽度。前板与底扇的前截面平齐，后板与底扇的后截面平齐。两侧板面与棺帮下口的外棱平齐，以显出底扇的六分边沿。前后板都是刨光的平板没有花饰。两侧板上各用挖锯锯出前后两个花样"绳眼"，下葬时穿绳子用，通座的四块板相交，均采用割角法（见图4-1）。

八字线条是通座的附件，前后左右共四条薄板，厚可四、五分，宽度应超过主板的厚度。把厚度面中分，并各向里坡斜三分，做成矛尖八字形，平钉在主板之下，八字线露出主板之外。

通座，是因与前后不连通的两个底座有区别而得名的。

前底座（如图4-11），板宽六寸，厚度适当，上棱边与通座前主板同长，下棱边角各外乍八分，整板呈扁长梯形。下部用挖锯做有"灶火门"花样。前底座板与通座的结合，采用札楔式固定法：把三或四枚三寸半长的铁钉去掉钉帽，一半钉进通座，另一半外露；在底座板上依钉子位置各钻半孔（外露钉长度的一半），然后把板孔认钉，并用力打进。装好的座板适当前斜，不与通座垂直。为保持座板的前斜，可用木条钉在板后撑住。两侧牙子板各长一尺四寸，挖有"灶火门"（无垂尖），与前座板外乍角割角相结，用钉子钉牢。牙子后角钉在通座上。

图4-11　前底座、栏杆

后底座板宽三寸五分，平板。两侧牙子板各长一尺三寸，花饰同前牙子。

不使用通座的棺材，前后座子直接钉在底扇之下。

安装好底座，将棺体翻过来，底座落地，腔口朝上，做调正检查，并打紧上口木楔，然后稳棺盖。

稳棺盖，是用棺盖把棺腔上口，包括前后堵头的上板沿和两帮扇的上板沿，严密地吻合封盖起来。首先要使前后堵头高出腔口部分与棺盖的鼓腔大致吻合，以缩小叉口。前堵头的做法是，用墨绳贴着堵头板面连接两帮上口板沿，弹上口线于堵头正面，此线应与底扇平行；向上画此线的垂直中轴线，量取棺盖大头内面约七寸处的两缝之间距离（即中间板的内面宽度）和两个板缝点的起鼓高度，相应地画在堵头中轴线两侧，再画出与帮沿点的连接线。用同法画出后堵头的吻合线。依线锯掉线外的多余。

把棺盖搭放在棺腔上，以底扇为准，使之上下端正不歪斜，以中轴线为准应左右均匀，盖头前出帮靴头七寸以上，盖尾略长出帮尾，以便盘头。盖边出沿约在一寸以内，多余的择掉。量取棺盖与棺腔上口四周的最大间隙，若间隙过大可将个别支点削低后再量取。假设间隙宽四分，用四分凿当做叉板使用，上刃角紧贴盖底，绕棺腔四周走一圈，凿的下刃角即在棺帮上划出线痕。随后画出"掛口"。掛口高三分，长度为盖扇中间板的内面宽度，画在前堵头中轴线叉线痕以上，同时在盖扇中间板相应处画掛口槽线。掛口的作用是防止棺盖顺前高后低的坡势下滑。

搬下棺盖，去掉叉线痕和掛口线以外的多余；在棺盖中心板内面凿剔出一面坡斜的掛口槽。

圆盖头。搭上棺盖，检验其与上口吻合合格后，由两帮靴头上点各向前量七寸画点记；由此点记向上画垂直线于棺盖的左右棱面上，并向前量画六分点，与垂直线的下端点连成斜角线，盖头截面即以此线斜角为准。分别以七寸六分点为圆心，三尺长为半径，向后画弧，交于棺盖上面儿中心点；以中心点为圆心，三尺长为半径，向前画弧，画出以七寸六分点为起点的圆弧形盖头（如图4-12）。

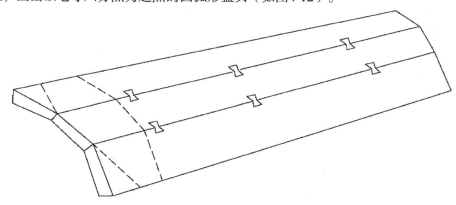

图4-12 圆盖头

　　由于棺盖较厚，为保持盖头截面斜角一致，棺盖内面也应画圆弧线，由二人用锯加工。

　　锯盖头，可按斜角线一次锯成，也可分二次锯成斜角。第一次用锯近于垂直板面（稍向后斜），锯出圆弧后，把截面厚度五等份，在上二份下三份处画线，然后沿此线第二次用锯，并斜割到位。做棺帮靴头时，也可用此法。

　　盖尾是向后画弧，弧高半寸许，目画即可，不必定圆心。盖尾的下棱与帮尾同长，向上画垂直线后向前量三分，然后与下棱点连成斜线，做为盖尾截面的斜割线。

　　盖底与帮沿之间做有札楔，左帮沿二个分为前后，右帮沿一个在帮长的中心位置，控制棺盖不左右位移。

　　取下棺盖，锯割盖头和盖尾，择去较宽的盖边，凿札楔卯，最后净活。

　　在内凹形的棺盖底面和在略成斜面的帮沿上凿札楔卯，凿身要直立，不可随斜面而斜立。札楔栽在盖底上。帮沿上的札楔卯凿成后，还应向前延伸寸许，并剔成坡槽。上盖时，札楔会首先进入坡槽，然后向后推动棺盖，札楔才会入卯，掛口也随后推之势进入掛槽。

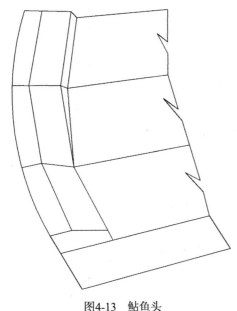

图4-13　鲇鱼头

　　"鲇鱼头"因形得名，钉在盖头的上面，前脸随符盖头的圆弧形，后身为坡形，很艺术地将盖头加厚，使盖头高扬。它用三块板拼对而成，板厚一寸至一寸五分，宽三寸至四寸均可（如图4-13）。

　　前后圈口牙子的作用，是使前堵头以外两靴头之间的断谷，后堵头以外两帮尾之间的断谷，交圈连接起来，所以前牙子应与靴头截面平齐，后牙子与帮尾平齐，用模画比量方法，使之与所在位置吻合，然后挖制灶火门花饰（见图4-2）。

　　护底板，为两条平板，三分厚，长和宽以能遮盖住棺底的前后截面为准。带有栏杆或护帮牙子（牙尖朝上）的前护底板，可相应地做"狗牙"花饰，但牙尖朝下。

　　护帮牙子，二块，刻有"狗牙"花饰，分别钉在两帮下口外侧，下与棺底相接。板宽一寸八分，厚可三、四分，其长度后与帮尾齐，前与靴头齐。若有栏杆时，前与栏柱相接。

　　栏杆（见图4-11），由栏板和栏柱组成，栏柱六分见方，柱脚做榫栽立在棺底上，柱头可做成"莲花头""白菜头""簪头"等式样，柱上凿二分槽，用来与栏板和护帮牙子相交。栏板宽二寸四分，长三寸六分厚四分，横边起花线，立边做半面榫，插入栏柱槽。板芯可雕饰花朵或透挖几何图形。

至此，一口中等档次的棺材制作完成（如图4-14、图4-15）。

以上所说组合三大扇的木扣，属明扣，扣面明露在外。档次高些的棺材可用暗扣。暗扣隐在板缝里，外面看不见。暗扣长二寸四分，宽一寸三分，厚一寸，掛钩斜度三分。它的外相有点像猴子脑袋，所以外号叫"猴儿头"扣（见图4-5）。

明扣，利用的是连在一起的两个燕尾形扣头，缝合板缝，有锔钉的作用。砍制瘦腰时，由正面向背面微有坡斜榫形，这样砸入扣窝时，会越砸越紧，板缝被"揪"严。又因板缝的里外两面用有多个明扣，所以板缝的结合力很大。

暗扣，利用的是扣头上三个扣面的燕尾形掛头，把两板钩连住，且每缝内只有两个暗扣，分别放置在距板扇头尾约四分之一处，它的揪合力相对较小，所以，使用暗扣应与鳔粘相结合。暗扣的掛头与扣窝的结合必须紧密，稍有宽松，即无作用，所以制作时不可冒砍，要用锯切割才准确。

暗扣的扣窝分为二段，一段为方卯空仓，用来插进扣头，另一端燕尾仓是结合仓。板缝两边的板面上，凿有相似的扣窝，但方向相反。上板面的结合仓在前（大头为前），下板面的方卯空仓在前（如图4-16）。

暗扣栽立在上板面上。栽立时，先把暗扣一端平的一面（无掛头面）朝后，插进方卯空仓，再横向向前打进结合仓，然后把微有楔形的木块楔进方卯空仓，把空仓填实封死，把暗扣挤牢固定，只露出另一半扣头。

把栽好暗扣的上板，扣头对准下板面的空仓插入，然后重力由前向后捶打上板块的大头截面，将扣头打入下板块的结合仓。这次打入只是试缝，合格后，由后向前捶打上板的小头截面，使暗扣退出结合，之后方可用鳔，并再次打入，用木卡紧固，完成拼结。

由于板块的前宽后窄（大小头），造成板扇处于前高后低的坡势中，所以上板块的扣头顺向下的坡势进入下板的结合仓后，上板的自身重量会产生一种向后向下的俯冲力，从而使这种结合，不致自动松退。

有的棺材，棺盖之内另附一薄盖——子盖，用料寸板即可。子盖的鼓腔很小，粘结成扇后嵌在两帮上口内侧板沿上。板沿上凿有深度可容放子盖的半面槽。子盖头、尾与前、后堵头的接触面，用叉板叉吻合。前堵头高出棺腔部分向后兜斜，阻挡了子盖的安装或取下，可把子盖头受阻部分锯掉，为美观，锯成浅浅的月牙形。嵌进半面槽的子盖与棺腔上口吻合严密，取下时会无从下手，可在子盖大头适当处钻二个孔，用来穿拴绳套，上提绳套，才好取出子盖。子盖的使用，一方面是档次上的追求，它的实际用途是，用人力抬棺尤其道路难行时，棺体太重，抬运困难，是时，可把主盖

图4-14　整棺材

图4-15　棺腔、棺盖

取下，单独抬运，以减轻抬棺重量。

有的棺材，棺底之上另加一底——子底，子底为平面板，无鼓腔，由二半扇合成。每半扇底面各钉有四根木带。有木带隔着，子底与主底之间形成一定空间。人死了，装殓入棺后，都按习俗停放三天、五天，甚至更长时间。冬季天寒，长时间停放尚无大碍，若逢署夏盛热，尸身会腐败，可预先在子底之下撒放干灰等吸水物，以防止尸液淌出棺外。子底的四边，按棺腔内的斜度刨成吻合，因子底是二个半扇合成，这就方便了子底的安放。子底上按北斗七星的形象做有七孔，七孔之间凿有沟渠连通，尸液可顺沟渠汇集并流向孔洞，渗入灰层。"七星底""月牙盖"指的即是子底和子盖。

棺材的后期工作是油漆和绘画，过去由专门的画匠来做。

油漆的颜色有三种：黄、红（暗红，也叫枣红）和黑色。过去用黄色较多，后来用红色较多。红色为喜色，古稀人老去，老丧为喜，是人的观念认识的表现。丧事的许多讲究其实是办给活人看的。有的即使不是老丧，也权当喜丧来办。

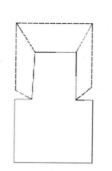
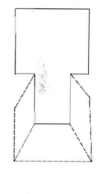

图4-16　暗扣空仓

绘画的内容，讲究"五福捧寿"，五只展开翅膀的蝙蝠围绕在一个寿字四周，画在前堵头上；后堵头画的是"脚跐莲花"，一朵荷花，二枝花蕾，几片荷叶，应是足踏莲花宝座成仙西去的意思。

棺材的样式，规格，以及制作方法等，各地区多有差异。以上，只是根据本地的情况而记述，内容很不详尽，许多尺寸，不是绝对标准。"活——活"木匠施工时自会不失灵活。

第二节　"瞎掰"板凳

有一种板凳儿，俗名叫"瞎掰"（见图4-17）。

图4-17　"瞎掰"板凳

做工复杂费时，一般不常使用，常用来当做赏玩的物件。它的制作方法如下：

1. 设计、备料

取硬质木料一段，应无伤残、无节疤，尤忌裂纹，加工成长一尺二寸、宽三寸七分、厚一寸八分的料方。

注意：① 长度设计可短些，但越短成品板凳的高度也会越矮。② 宽度设计应根据：（a）插拉榫的数量设计，一般为3~4个，榫越多越增加工作量。（b）有利于一次性凿成插拉榫的斜面卯，因此应考虑到凿子的宽度要对应插拉榫的厚度。③ 厚度以一寸八分较为适中，越厚加工难度越大，而太薄（一寸五分以下），板凳儿的承重力会减弱。

2. 分段、分层、画线（见图4-18）

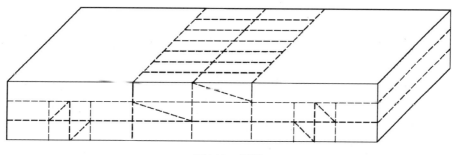

图4-18　画线

（1）在凳面儿上画线

① 将长度一尺二寸均分为左、中、右三段，每段四寸；

② 将中段再中分，每段二寸；

③ 在中段上画插拉榫，把宽度三寸七分分为七份（三个榫的），每份五分（计划用五分凿子），余下的二分甩给两个边榫，每个边榫各是六分，其他榫各是五分。

（2）在二个厚度面儿上分别画线

① 将凳面儿上的分段线用角尺比过到厚度面儿上；

② 将一寸八分的厚度均分为上、中、下三层，每层六分；

③ 在中段的上、中二层画二条错开的斜向相同的斜线；

④ 只将左、右两段的中、下二层的长度均分为三小段，每小段约合一寸三分三厘；

⑤ 在右段的三小段中的中段上画中分线，并画错开的斜向相同的向外撇的二斜线，如"八"字之撇；

⑥ 在左段的三小段中的中段上画中分线，并画错开的斜向相同的向外撇的二斜线，如"八"字之捺；

⑦ 两个厚度面儿的画法相同，斜向应相应。

3. 将凳面儿中段的下层锯掉

① 先锯一窄槽，用凿子剔出槽心，然后插进锯，锯掉其余部分，并将锯痕打磨光净；

② 将凳面儿中线比过到光净面上，然后画插拉榫如前。

4. 沿斜线凿去中段上、下两面儿的榫间的斜面夹心

可先将边榫的斜面（先）锯（后）凿做好，然后以此斜面为仿照，凿出中间榫的夹心。

注意：① 凿中间的夹心时，深度不要超深损及榫身。可先稍浅些，待锯开两边段的第一层线，显出锯口后，再修正到位。② 凿上面儿时，可将锯成凹形的悬空的底面垫实再凿。凿底面儿时不存在这个问题。

5. 将（大）插拉榫用镂锯镂成功

6. 沿左、右两边段上层线分别锯到插拉榫根（即分段线），使插拉榫能够打开（见图4-19）。并修正榫面，使之达到插拉自如的标准

7. 分别在打开后的两边段中、下二层（此时仍连在一起）的上、下两面儿上，画出小插拉榫（如大插拉榫），然后如制作大插拉榫的工序——凿、镂、打开、修正等，做出左、右二边段得小插拉榫（见图4-19）

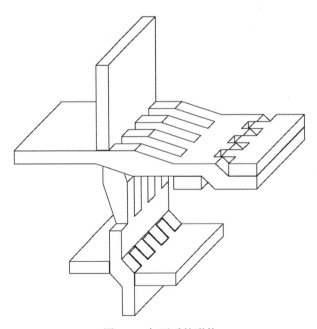

图4-19　打开后的形状

8. 打磨所有锯痕，使成品插拉顺畅，光润适手，完成制作。它打开可以坐着（见图4-17），收起来似是一块板（见图4-20）

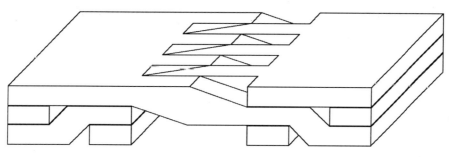

图4-20　折叠的瞎掰板凳

第三节　石碾的安装

石碾，简称碾子，在农村中，电动钢磨没普及以前，石碾是把原粮碾压加工为成品粮的主要工具之一，石碾的安装也是农村木匠必会的工作之一。

石碾由碾盘、碾滚（碾轱辘）、碾立轴、碾框、碾撑、碾脐、碾窝以及碾支脚组成（如图4-21）。

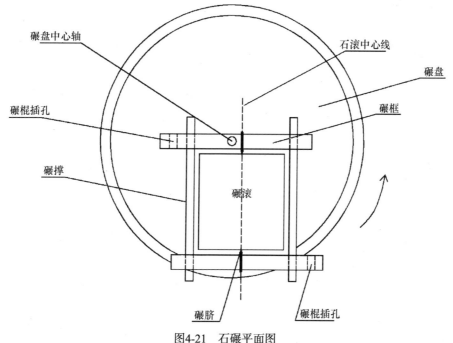

图4-21　石碾平面图

碾棍是两根木棍，用时插进碾框上的圆孔，是延长的力臂。

碾盘和碾滚由石匠制作，立轴和碾框由木匠制作，并由木匠最后完成整体的组装。

碾盘用砖石支起，盘面距地面二尺至二尺二寸，盘面儿成水平。

碾滚的两端面正中心镶装有一面有圆坑的方铁——碾窝，把白矾加热成汁，用于镶嵌碾窝。

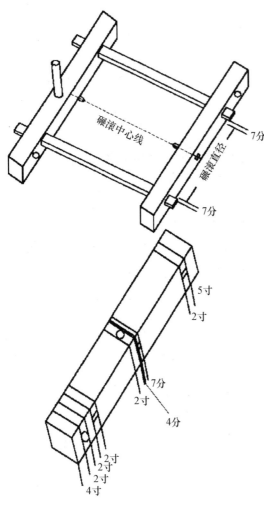

碾滚中心线

碾滚直径

7分

7分

5寸

2寸

7分

2寸

4分

2寸
2寸
2寸
4寸

图4-22　碾框

立轴多用硬质耐磨损的枣木做成，盘面以下部分的粗度以能穿过碾盘的中心轴孔即可，盘面以上部分刨成直径一寸八分的圆轴形。立轴应垂直于碾盘面，下端入地半尺左右并固定，不使晃动，与碾盘相接处，用硬木楔四面卡紧牢固，并注意调整立轴的垂直度。然后另用木楔把余剩的空隙塞严，以防止粮米细末下漏，立轴上露部分略高出碾滚直径即可。

内外两根碾框，用榆、槐之类硬杂木做成，略成方形，端面五寸，长度为碾滚的直径长再加一尺九寸，按碾滚在碾盘上的反时针运转方向，内框的插棍孔做在框的后端，而外框的棍孔做在前端。

碾脐铁制，碾脐卯7分长4分宽，骑中做在框圈中心轴线上。内框由此卯向后4分做立轴孔（直径2寸）（如图4-22）。

碾撑距碾滚7分即可，不然整体碾框会显得懈松，碾撑宽2寸、厚1.5寸，榫厚8分，碾撑长度的确定方法是：把碾脐分别打进内、外框的碾脐卯内，并分别量取碾脐的露头长度；量取碾滚的长度；量取碾窝（两个）的深度；"两碾脐露头长度加碾滚长度减两碾窝深度加一分"即为碾撑内圈长度，这里的"加一分"，为碾脐与碾窝之间的间隙，即"一分轻，二分重，三分脐儿推不动"之理也。

安装时，先安里框，后安外框（如图4-23）。

图4-23　石碾

第四节　几种农具

一、犁（图4-24）

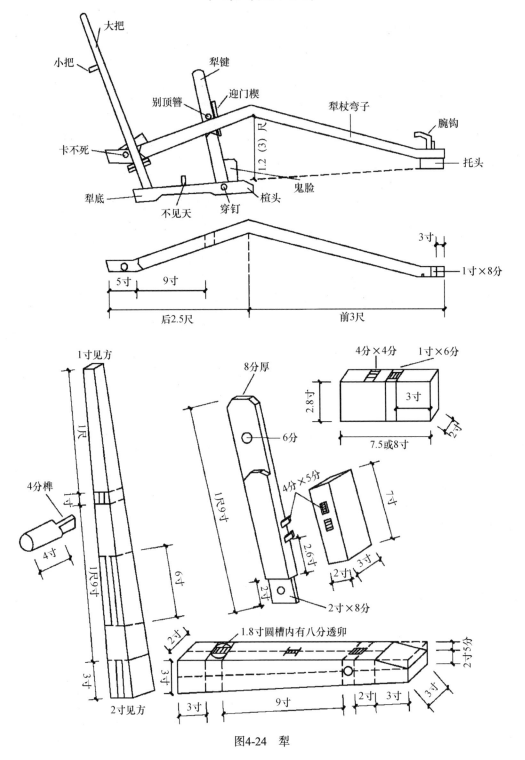

图4-24　犁

二、耧（图4-25）

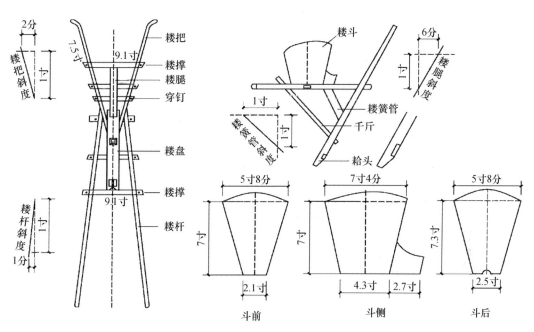

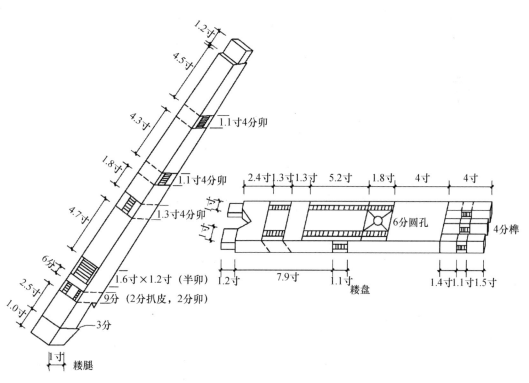

图4-25　耧

三、盖（图4-26）

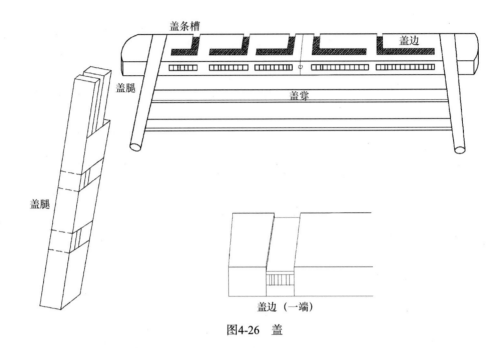

图4-26　盖

附录　词语解释

大凡人们对世界事与物的命名，都有其一定的道理，或形象或意会，或形与意兼而有之，口口相传是木匠传艺的一种方式，许多专业技术用语代代沿袭。本书实语实音记录使用的这些习惯传统词语，与官式词语和异地异师用语会有许多差异。这里主要把有关房屋建造一块的词语尽量给以解释说明。

房宅： 房子和院子成一定格局的住宅建筑。

宅基： 房宅建筑坐落的基地。

地基： 专指下部潜埋地下，上部露在地上，四框用砖石垒砌成墙，框内填渣土的房子基础。也叫根脚。地基论"座"，三间（的）座、五间（的）座等。

开间： 以两柁之间的檩长为计数房间的单位。一檩为一开间，简称一间。

通屋： 两开间以上连通的屋。

单间： 三间房屋中，相对两间通屋而言，被隔墙或隔窗隔开的一间。

稍间： 五间房座中，堂屋两侧的通屋。

边间： 房屋建筑中，位在边端的，有一面山墙的开间。

明间： 明间是相对里间而言。三间的房屋，其中两间相连的通屋，被称为明间或叫外屋。

里间： 一个边间被隔开成单间，但隔墙或隔窗上有门口与明间里外相通，故叫里间或里屋。

堂屋： 五间正房中，被隔成单间的正中一间屋。也称三间正房的通屋为堂屋。

倒座房： 四合院中的前房，因前脸儿与上房相对，叫倒座房。

房向： 指房屋前脸儿的朝向。北房朝南，南房朝北，东房朝西，西房朝东，但民房没有正南正北的，总要偏斜一些，即抢阳。

抢阳： 房屋前脸儿的朝向，向日出方向偏斜。

随山就向： 房屋的朝向随了山体的走向。

天沟： 上房的后墙与房后围墙之间的夹道。

伙道： 房子后墙或左右山墙与相邻房屋的墙之间的夹道，一般情况下是伙道共用但私有。

水道： 多指天然雨水流出去的水道，有地表明道和地下暗道。

过道： 专指穿房而过的走道。如前房有院门的一间，腰房中开间前后贯通的一间，都被叫做过道。

走道：宅院内外供人行走进出的道路。

山墙：也叫房山，房屋两侧的墙。上部随人字形屋顶，呈山脊形。

隔墙：也叫截断墙，隔断墙，是垒在屋内分隔房间的墙。

隔窗：也叫隔扇，镶卡在屋内房柁之下分隔房间的固定窗户。

襟边：以地基外墙皮为标准，房墙向里收缩二、三寸后，所留出的地基外沿。

坎墙：半装修门窗前脸，除门口外，由地基向上约三尺高的矮墙，腰槛稳在坎墙上面。

台帮：坎墙之外的地基沿，宽八寸至一尺，多用条石铺面。

过木：过梁木的简称。半装修房屋的后门、后窗，四不露房屋的扒墙门框和窗户之上，都须使用过木，用以承架门窗之上的墙体。每组由数根短木拼成，总宽度与墙体同宽，两端搭在门或窗户口外口的墙垛上。

过梁石：用厚石板做的过梁，作用与摆放法基本同过木相同。主要用于室内的墙壁上，如壁橱的顶上。石板质脆，承重后易断裂，可在石板上再摆放过木。过梁石可使橱顶内部平坦整齐。

出檐：为防止雨水流到房墙上，屋顶前后两坡各向墙外伸出的房檐。

前出檐：专指房屋前脸使用大椽出檐的房檐结构。

两面出檐：房屋的前檐和后檐都用大椽出檐。

小檐：伸出房屋墙壁半悬的砖石沿，可分二、三层逐渐伸出，用以托架继续伸出的瓦檐。不使用大椽的房檐才做小檐。

滴水檐：伸出山墙的房檐，俗名叫出梢，只顺檐面流水而不垂直向下滴水。滴水檐专指能垂直向下滴水的房檐，才简称滴水。

槛：（同坎）多指与立框组结在一起的横框，如上槛、下槛、腰槛等。

槫：檩槫，安装在两柁之间，檩条之下的枋木，起连固房架，加强檩力的作用。

土炕：北方地区，人们用砖石或土坯砌成的睡觉用的长方台子，上面铺席，炕面之下砌有孔道与烟囱相通，可烧火取暖。

炕沿子：覆盖在土炕外沿上的一根方木。

地火炉：一种砖石砌成的烧煤的火炉。紧贴土炕，全部砌在地面之下，有火道与土炕相通。炉前有砖石砌成的炉坑，坑上用多块木板封盖。掏炉灰时，掀去木板，人下到坑里。

苫（wà）房：用瓦或其他材料覆盖房顶的工作。

儳头：专指房架坡面及房顶坡面向下弯洼的程度。

填儳：因儳头过大，瓦房时用废木、秸秆等把洼填起。

朝天儾：与屋顶坡面向下弯洼相反，坡面向上（朝天）弯鼓，是施工毛病。

成功：典型的专业用语，专指木活制作过程中的组装工序。如某扇窗户的若干窗边和窗棂都已加工完备，于是木匠说："该成功了"，意思是说该往一块组装了，就要成功了。

过渡：口语：过线。把方木（以棱面为基准）或圆木（以中线为基准）这一面儿上的线（横截线），用角尺过画到相邻面儿上的画线方法。

套画：利用已有的模具或样板画出同形的图。如用檩母画檩榫，用已经定型的木箱前板画出后板的形状。

目画：用目测方法，确定画线。

比量：用标准尺杆，检测丈量。

打实样：根据图纸上的设计尺寸，放大后画出实际尺寸图，也叫放大样。

画小样：把实际尺寸缩小后画成图样。

直活儿：直角相交的木活儿。

斜活儿：斜角相交的木活儿。

骑中：骑中线的简称。指以中线为准，中线两边等量的分配方法。

发正：木架刚立起时，各构件可能处于少量歪斜状态。通过检测，发现并纠正之，使其达到直正标准，这个操作过程叫发正。

盘头：把木料旧有的不规则截面锯割掉，做出符合标准的新截面。"一锯柁，两锯檩，三锯柱子站得稳"，即是盘头的几种方法。

拔塞：制作柁底和柁肋平面时，因柁料通体直顺，或柁头以后部分弯鼓较大，弹线后发现切割面太大，若全部按墨线的延伸加工，势必多伤柁体。只将柁头部位的底面或肋面进行局部切割，做出所需平面即可，象拔出塞子一样。

坡八字："坡"发音为"叵"（pǒ），当动词用。把木料的一个方楞做（坡）成一个斜面，或把相邻的两个方楞"坡"做成八字形两个斜面的操作，都叫坡八字。八字实际上是一个锐角形，其主要作用是装饰性。

套：用直角尺的内角检测方料或方形器物的外角是否直角的操作。

冒：没有墨线做标准，只凭眼力进行的加工。如冒砍、冒刮、冒拉等。

剔：专指用凿子把夹缝或豁口中的木芯剔除去掉的操作。

刮：用刨子刨。口语是用刨子刮。

拉（lá）——用锯锯，口语是用锯拉。

裁：口语说"采"，"开采"之意。裁槽：用槽刨子开采出木槽。用单线刨子或偏刨子开采出半拉槽。裁线：用各种花线刨子开采出各种花线。

栽：栽立。栽瓜柱、栽札楔。

木架：传统房屋建筑支撑屋顶的木质架构，也叫大木架，简单说就是木头架子。

打木架：打造制作木架。也说砍木架（因用锛子较多）。

大木架儿、大木线儿：木匠做木活离不开墨线，但在净活时多把明露在外的墨线净掉，只有木架活儿，必须把墨线清晰地留在构件上。

立字柁：传统房屋，上承五条檩的柁架，横梁与立柱组装后成立字形。

人字柁：一种新型柁架，仍属两坡面起脊房构架。整体为三角形，上部呈人字形。人字柁的坡面平直，无𫐉。与本书所叙无关。

柁：顺房子前后方向架设的梁，用来承架檩、椽和屋顶。既指完整的柁架，也指大柁料。

五檩架：上承五条檩的柁架，也指整体房架。

七檩架：上承七条檩的柁架，也指整体房架。九檩架很少有。

立架：把制作好的柁、檩、椽、柱等组合到一起，使房架在地基上立起来。

闷五檩：省去（不使用）后土檩的五檩架，叫闷五檩。

闷七檩：省去（不使用）后土檩的七檩架，叫闷七檩。

大柁：立字柁中最下面的一根，架在前后两柱上的横梁，是主梁。

二柁：立字柁中排行老二，是利用瓜柱架在大柁身上的短柁（九檩架使用三柁，架在二柁上）。

盖柁：安装在上、下襟瓜柱上的短横木。大柁和二柁柁身都要承重。盖柁不承重，主要起连固二瓜柱的作用。

柁脸：泛指柁料的前后截面，主要指大柁的前截面。

平水：应是人们设计的悬在地基上空的理想水平层面，木架制作中，各构件的高低位置都以这个层面为标准来确定。它是以弹在柁体上的平水线来体现的。

柁平水：专指某柁的柁底平面到平水线的高度距离。柁料粗细不同可使柁平水不同。

全柁全檩：也说满柁满檩。指房架中所用柁檩齐全。相对而言，有的房架不使用山柁甚至隔断柁，不使用前后檐檩。

满檩满𣏗：房架不仅檩木齐全，而且所有檩（檐檩、脊檩、襟檩）下都使用𣏗枋。

明柁：二间通屋（明间）正中的柁，柁体全部外露着。

山柁：半掩在山墙上的边柁。

隔断柁：也说截断柁，柁下有隔墙或隔窗用来把房间隔开的柁都叫隔断柁。柁下面用隔墙的又叫跨山柁。

假柁脸：不足一檩当长，只用一根柱子顶着的"假山柁"柁头。多用于大椽出檐又省去山柁的房架。作用是为前檐檩和桊，后续门窗装修的抱框和腰槛等提供着落点。房屋建成后，前脸上露着的大柁的头脸给人以柁木齐全的外相，看不出两边的山柁是假的。

根截：指原木木料的一端（截面部位）曾是树木根部或接近根部，根截不一定是木料的大头。有的木料两端几乎同粗，分不出大小头，个别木料的根截还不如另一端粗。可根据树皮和节疤等进行判断。

梢截：指原木木料的一端曾是临近树梢的那一端。板材、方木用不着鉴别根梢。

瓜柱：栽立在大柁或二柁上，用以直接或间接（间隔着二柁或盖柁）支撑檩条的立柱。外形有八楞倭瓜之象。

瓜柱层数：如七檩柁架的上层是脊瓜柱，下层是下襟瓜柱，中层是上襟瓜柱，共三层瓜柱，都是看得见的明确实体层数，其实暗指的是大柁平水线至盖柁平水线至二柁平水线至脊瓜柱碗口底这三层的高度。

柁肋：人体胸部的两个侧面叫肋，柁体的两个侧面叫柁肋。

夹肋：把圆木柁料两个肋面的鼓腔适当地砍成平面，有由两侧向中间夹挤之象，使柁体身显得高拱有力，同时做出与檩桊端榫的结合面。

夹瘦：两个径面不同的构件对接时，为使对接处平顺一致，须把径面较大的构件由两侧呈坡状逐渐消除宽出部分。

象眼：柁架与屋顶内面儿之间形成的空当，也包括柁架本身的空当。

海眼：主要指凿在大柁柁底上与柱顶榫相结合的卯。也指二柁和盖柁的柁底卯。卯的四沿坡有单面八字。

拉扯木：七檩柁架（多是山柁）上的盖柁若被省去，必须用拉扯木代替。拉扯木粗细如椽，小头做直榫入上襟瓜柱身上的方卯，大头做燕尾榫入下襟瓜柱碗口上沿的燕尾槽，以拉扯住这两个瓜柱。

碗口：类似碗型（碗的侧面平面图形）的，用以承架檩头的，并限制檩木横向位移的，碗弯与檩圆相吻合的，向上敞着的半圆形豁口。大柁、二柁、盖柁的所有柁头以及顶上无柁的瓜柱顶部都须做碗口。

碗口底：碗口底部的与柁平水线同平的，与柁背中线横向直角相交的，与檩底同宽的带状平面。平面之外才是两个碗形半圆。

举架：柁架举起的高度。即从大柁平水线至脊瓜柱顶的高度。

牢架：一种技术操作。钉大椽和小椽后，为增加檩条之间的连固性，把只用一钉"掛"在上层檩上的椽子的下头（大椽钉在中腰部），隔三差五地钉在下层檩上，从而提高整个房架牢固性。

走架：立架发正以后发生的局部或整体房架走动。多因戗木支撑不牢造成，是建房施工中避免发生的事情。

放箭：形容一种事故。立架时，把柁扛举到柱顶上后，因抱柱不牢或戗木不牢，使柁身在柱顶上，连同柱子一起，像箭一样前冲倒地，非常危险。

设计长：图纸设计的标准长度（本书文字叙述用词）。

落中（长）：按设计长度画在构件两端的终端截止线叫落中线。两落中线之间的长度（即设计长度）叫落中长，简称落中。

实长：构件制作完成后的实际长度。如柁长落中一丈三尺，加两端各五寸的柁头，盘头后实际长度一丈四尺。又如，檩长落中九尺五寸，外加一榫长一寸八分，制成后实长九尺六寸八分。边檩因压山还须再长三寸以上，实长不少于一丈。

荒长：木料根据设计长，实长之外更留加工余地的总长度。

认位记号：是画在柁、檩、柱、桀、瓜柱等构件上的文字或符号。如同剧场影院中的座位号，以备构件们对号入座。

正中符号：构件的长度被中分后画的中字形记号，为后续工作留下标志，也透着规矩和美观。

中线：泛指弹画在构件上，把构件从中间"画"分开的直线。有纵向中线、横向中线和垂向中线等。

中垂线：本书文字叙述用词。口语就叫垂线。是用线坠吊线后，画在截面上的垂线。因其是以纵向中线的按线点为垂点，故命名为中垂线，以区别于其他中线。

截线：画在木料上表示"应用锯截断"的线，如盘头线即属截线，其线形是在截线上画二"条"很短的平行斜线（╫），以代表锯齿。

按线点：墨绳两端按落在木料上弹线的点。

确认记号：发现已弹画的墨线有误差，不正确，可不必清除之，只须在增画的正确线上画"叉"（×）即可，叉点交在正确线上。有时中垂线两侧须画多条平行线，为防止按线点混淆错位，也在中垂线上画"×"，以确认木料两端面上的中线位置。

顺茬、逆茬：逆茬也叫戗茬。木料的木丝与木料的表面成坡斜走向时，加工时会出现顺茬和戗茬操作。顺坡斜面加工叫顺茬，加工出的料面细腻光滑。反之为逆茬，木面粗糙，毛刺欠起，严重时影响木料的使用，甚至报废。

檩：架在柁或山墙上，用来支承椽子和屋面的长条形构件，也叫檩条。

檩当：相邻两檩中垂线之间的水平距离，而非在屋顶坡面上的坡面距离。以画在柁杆和柁身上的檩当线来体现的。

檩口：做在檩端截面以里，与对接檩的燕尾榫结合的燕尾形豁口。俗称"母儿"。

檩榫：长出檩端截面的燕尾形榫头，俗称"公儿"。

　　檩底：主要指檩的底面与檩桀上面儿相吻合的一寸八分宽与檩同长的平面。也指架放在碗口或山墙上的檩头局部平面。

　　脊檩：直接承接屋脊的檩。位在桄架脊瓜柱的顶部。

　　檐檩：离房檐最近的檩，前檐的叫前檐檩，后檐的叫后檐檩。后檐若不用大椽出檐，也叫后土檩。前后檐檩位在大桄的前后碗口上。

　　襟檩：五檩架，位于脊檩和檐檩中间的檩。七檩架有上、下襟之分，近脊先后者叫上襟，近檐者为下襟。又因所处房的前后坡位置不同，前坡的叫前襟，后坡的叫后襟。七檩架的则分别为前后上襟和前后下襟（口语多把"檩"字省去）。

　　棒棒檩：长度不成规格，很短很短的檩，看上去就是一根短棒棒。地基前脸长度有限的房屋用之。如地基的落中长度一丈二尺，一间若开，檩长超过一丈二尺，不符合"长桄短檩"的设计原则。二间若开，檩长各六尺落中，一架明桄将压在本就狭窄的空间正中，使人的感觉很不舒服。可把正间（有门的一间）檩长定为九尺，那么边间檩只能长三尺，像个棒棒，桄架也随檩长挪向一边。

　　明柱：指柱身全部明露或半露的柱。如前出檐房前脸的中柱和山墙柱都属明柱。前出廊房和一步退襟房均有两排明柱：前明柱和后明柱。

　　土柱：指柱身基本全被垒砌在墙内的柱。多数民房用以支撑桄尾的后柱几乎都是土柱。

　　柱顶：与桄底海眼及海眼周围平面相接的房柱顶部截面。

　　顶柱榫：柱顶上与桄底海眼相结合的榫头。

　　柱脚：坐落在地基柱脚石上面，与柱脚石上的十字线相吻合的柱底部。

　　柱脚石：专门挑选的，砌在地基墙上，外露的，石面上画有十字线的，专用来立房柱的平面石块。

　　接柱脚：有的柱料短于计划长度，为将就此料，可把短缺的长度写在柱身内侧的下部，如"下接×寸"。以后会由泥瓦匠按下接尺寸垒一砖石小垛，把短缺的长度接上。柱脚石也随之升高在石垛顶部。

　　大椽：即檐椽。它的小头（在上）钉在襟檩（或下襟檩）上，然后搭过檐檩，悬空伸出。它的上半截相当小椽，下半截才是出檐部分。

　　小椽：也叫花椽，花架椽。按其所处的上下位置，脊檩叫上挂椽，以下的都叫下挂椽。

　　椽花：画在檩杆上的椽当线和用檩杆套画在檩上的椽当线都叫椽花。套画时的操作过程叫点椽花。

　　挂：一意，指把小椽钉（挂）在檩上的操作，"挂椽子"。椽子的一头被钉在檩上，有在檩上挂着的形象。但对大椽只说钉，"钉大椽"，不说"挂"。另一意指房上椽子的数量单位。椽子在房下时论"根"，多少多少根。房上的椽子论"挂"，（大、小椽一样）。房下的一根上了房就是一挂。檩上钉多少根就是多少挂，如十八挂、二十挂等，檩的长度和椽径的粗细决定椽的挂数。

椽当：相邻的两椽中垂线之间的距离，而非两椽外径的实际距离。

连檐：钉在檐椽之上，连接檐椽椽头，锁定檐椽椽当的三角形横木。整条连檐是由多根三角木相接而成。

装修：单指制作门窗把房子前脸封装起来的木活工作，与现代的"装修"内涵不同。

砖池头：把数层砖块的前脸儿打磨成或洼或鼓的装饰线条，组成一个美观的小砖垛，垒砌在山墙前脸的墙垛上，层层伸出，直至与连檐平齐。也叫砖池子。

房子前脸儿：即房子的前面儿，与后面儿、侧面相区别。

后窗户：设在房子后墙上的窗户，多为横卧式固定窗。

后门：设在房子后墙上的门，通房后天沟。

卧式窗：长方形窗户的长边横着，短边立着的安装样式。

立式窗：长方形窗户的长边立着，短边横着的安装样式。

固定窗：也叫死窗户。整扇窗户被固定在墙体或木框中，不能开启。

活窗户：也叫活扇窗户。可以上下或左右开启关闭。

通棂：窗芯中与横或竖窗边同长的窗棂。

窗芯：主要指窗户四边以内，用窗棂组合填装的部分。

门框、窗户框：多指固定在其他构件上的立框，用以安装门或窗户。也指门或窗户外口的四框。

门边、窗户边：门扇或窗扇的四根边木都叫"边"。但木匠又管其中较短的边叫杩（Mà）头，杩头又分为上下（两端的）杩头和腰（中部的）杩头。

窗户套：套，外套的意思。窗户套，窗户的外套。可直接固定在墙上的空心木框子。

门口、窗户口：门框或窗户框四周组合后形成的空间。"口"内安装门扇或窗扇。

里口、外口：窗户套木料的厚度，使"套"出现里外两个空间口径，套里的叫里口，套外的叫外口。外口之外即是墙框的里口。

子口：在原有的门口或窗户口内，再制做出的"口"。用以限制门扇或窗扇的关闭深度，并封住扇与框之间的缝隙。有两种做法：一种是在四框内增钉一圈木条，缩小了原口的尺径，但扇与原口径相同；一种是在框体组合之前，先在四框上各开采一个半面槽，组合后保持原口不变，但扇的周边尺寸要加大。

透轱辘：古式车轱辘（车轮）是由轮圈和连固在轮圈内的辐条、轮毂等零件组成的。没有安装零件的轮圈就是一个空心透明的轱辘。旧式门扇都做有门轴，穿入透轱辘后，门扇方能开闭转动。

连楹：透轱辘是单体的，只供一扇门转动。双扇门须用两个透轱辘，分别固定在左右门框上，时间久了易松动。把两个单体透轱辘连做在一起的构件叫连楹（连体制做），用简易门簪穿插固定在屋门的上槛上。

连过：连体搭过的意思。如一个檩料具有两根檩的长度，且相当直顺，可连体使用，这样的连体檩叫连过檩。类似性质的连体椽叫连过椽。

榫：构件上类似人体头肩形状的，与卯、口或槽相结合的装置。有许多种形制。主要由榫头和榫肩构成。

榫头：截面以外，进入卯、口或槽的部分。

榫肩：控制榫头进入卯、口深度的部分截面。有单侧肩、双侧肩，斜肩等。

墩肩：肩面呈齐墩状的榫肩。

瓢肩：也作瓢尖或飘肩。瓢肩的楔形外皮长出肩部，与榫头呈夹子形，外皮的正面略似"瓢"的把儿。

榫皮：榫头未被做成之前，其侧面应被锯掉的部分。只有去掉"皮"才能露出榫头和榫肩。行话叫扒皮。如八分厚的窗棂，其中间是二分厚的榫，那么榫的里外两侧各是三分厚的扒皮。

割角：两构件呈弯尺形结合时，把结合角对角中分，两构件各割去一半对角的技术方法。

整榫：长度能穿透结合件，宽度与自身料面同宽的榫。

半榫：一指半截榫，相对透榫而言，是不穿透结合件的榫，与其相结合的卯叫半卯。二指半面榫，榫宽小于自身料面宽度的榫。

透榫：长度能穿透结合件的榫，与其相结合的卯叫透卯。

大进小出榫：榫宽度的一半（不绝对）为透榫，另一半为半截榫的连体榫头形状。

燕尾榫：榫头呈倒梯形的榫。

明榫：露出榫头截面的榫，即透榫。以及一望而知这里面有半榫的榫。

暗榫：隐在构件结合处内部的榫（如锛把与锛砧结合处内部的榫）和从正面前脸看不到榫头截面的榫（如抽屉前脸与屉帮的结合榫、衣箱前脸与侧板的结合榫等）。

木楔：泛指一切能挤住榫头，一头大一头小的木片或木块。

背楔子：打进楔子背住（挤住）榫头的操作。如用一头是尖刃的木楔把榫头撑开后挤住，或用钝头的木楔从旁边把榫头挤住。

札楔：连体的两头都是榫头的小木板，有限制结合件位移的作用。多用于构件的结合处。如较长的板缝间，柁与檩的结合处，下摘窗与腰槛的结合处等。

鳔楔：楔子背进榫头后，时间久了，楔子常会松动退出，造成榫卯松动。背楔子时，把楔子小头抹少量鳔汁，干固后可使接榫处更牢固。

干楔：不蘸鳔的楔子叫干楔，背干楔叫干背。

房坡之"坡"：房坡是现代人进行文字表达时所用的词。坡字很直观，一看即知是人字形房顶的坡面。旧时人们称房坡为房帔，称前、后坡为前、后帔。帔是古时人披在肩背上的一种服饰。呈前后两坡人字形象，样子象似现在扛抬工人所用的垫肩。清帝乾隆的画像就穿戴着帔。今天的许多人只知有凤冠霞帔，却不知帔为何物，尤其不知男人也穿戴有帔。于是房坡之"坡"被大家接受和认可了。帔字较坡字略显生僻，但与房字结合，则更具形象，更生动，更人文，内涵更丰富。在木匠的专业词语中，仍称"坡"为"帔"。

金檩与襟檩：服装上衣曾有前襟和后襟之分。人字形房顶既用了帔字，那么帔样房顶之下的屋顶，用"襟"字应更合理些，与"帔"联系更紧密些，有一种形象感。金字虽含有金贵之意，地基的"金边"或"襟边"似乎还可混用，但用在檩名上，就显得牵强，金檩若"金"了，那么脊檩和檐檩就不"金"了么？虽然金、襟同音，内行人都知指的是什么，但是在纸上，"金"檩的文化内涵淡多了，还是写"襟"檩更好。

余塞和鱼鳃：余塞，从字面上看，余下之余，堵塞之塞，把余下的空处堵塞之意。过道式街门，因采用落地式满装修，门框和抱框之间形成空余，又因街门须具备防护性能，这个空余大多用比窗棂结实又严密的木板堵塞，所以叫余塞板。余塞板在门的左右，对称但不对脸。鱼鳃，鱼的两腮。鱼鳃门，不仅左右对称而且对脸。

门光尺或门广尺：简称门尺。门尺是一种工具。通过对尺面上吉凶尺寸的选择，来确定房宅门"口"的宽广，这是它的用途。门广尺，直截了当，表意明确。而门"光"尺，颇让人费解。光字虽有光辉、光大之意，但与门字结合，其意含糊。光字还有"一点不剩，全都没有了"的意思。尤其"门光"，凶险之意甚彰。"桑枣杜李槐"尚嫌不吉，更何况"门光"！此尺谁还敢用。光、广近音，"门光"当是"门广"之误。

后　记

　　我是北京市房山区河北镇河北村人。十六岁初中毕业后即跟从家父刘万里学木匠手艺，之后参军、参加工作。但木匠活一直没撂下。

　　家父的师爷（师父的师父），人称"大刘"，原籍河北省衡水人，先出师于小器作，由于当时的行业分作界限很严格，为全面学会木匠手艺，便利施业，不得不再两次拜师学艺。又由于行业规定学徒期间不准成家，结果，到最后离师时年已三十多岁（那时代的人对"三十多岁"的概念与现代人极不相同），以致竟终身未娶。他对木业的小器作、大木作、古建以及民间各种木活都非常通晓。再后来，辗转落户房山，以徒为子。家父少年时曾读过三年私塾，这在当时的木匠中是极少有的。十八岁时拜师学木匠，与其师爷同住一个房间，爷孙俩十分投缘，所以有机会得到师爷的直接传授。以后也成为当地非常有名的好木匠。到我做木匠时，虽然受到家父的全力传授，但由于只在农村中施业，许多木活没有实践或接触的机会，基本上只以大木作为主。

　　我退休后，用了几年的时间，整理了学木匠以来的记录，增画了一些图，走访了多位同行，去图书馆查资料，并结合自己的切身实践和认识，写了一些木匠的事。再后来，将写的东西寄给了《中国古建筑木作营造技术》一书的作者马炳坚老师，以期得到他的指教和斧正。身兼多职，工作繁忙的马老师挤出点滴时间、逐字逐句地审阅了我的书稿，给予了很高评价，并提出了真诚的意见，后将书稿推荐给出版社，又满腔热情地为书稿写了《序》。在此特向兄长一样的马炳坚老师致谢！

　　本书的出版，得到了杨鸿勋、李永革二位专家及科学出版社的大力支持；在整理书稿过程中，刘智、【刘刚】、张伯元、刘光远，以及河南大学张义忠教授学术团队等都给予了非常积极的帮助；光大成贤建设有限公司为出版提供了部分资金支持。在此一并致谢！